全国地质灾害典型治理工程研究
（2022年度）

吕杰堂　徐永强　张义祥　等　著

科学出版社
北京

内 容 简 介

本书以四川省为例，介绍了强震山区的地质环境背景，系统分析地质灾害分布发育规律，总结强震山区地质灾害治理工程特点，并选取5个典型地质灾害治理工程案例进行分析研究。治理工程案例的灾害类型包括滑坡、崩塌和泥石流3种，逐例阐明灾害基本特征，分析所采用的治理工程措施与技术方法，对治理工程的经济、社会效益，工程施工与运行维护技术方法效果进行评价，并提出针对性建议，以期为全国其他地区同类型地质灾害治理提供参考和借鉴。

本书可供地质灾害防治工作的研究者及设计从业者阅读并参考。

图书在版编目（CIP）数据

全国地质灾害典型治理工程研究 . 2022 年 / 吕杰堂等著 . -- 北京：科学出版社 , 2024. 11. --ISBN 978-7-03-079985-2

Ⅰ . P694

中国国家版本馆 CIP 数据核字第 2024YU0395 号

责任编辑：韦　沁　徐诗颖 / 责任校对：邹慧卿
责任印制：肖　兴 / 封面设计：无极书装

科 学 出 版 社 出版
北京东黄城根北街16号
邮政编码：100717
http://www.sciencep.com

北京九州迅驰传媒文化有限公司印刷
科学出版社发行　各地新华书店经销

*

2024年11月第 一 版　　开本：787×1092　1/16
2025年3月第二次印刷　　印张：8 1/2
字数：250 000
定价：138.00元
（如有印装质量问题，我社负责调换）

作者名单

吕杰堂　徐永强　张义祥

程　凯　连建发　陈　岩

前 言

我国山地面积广，地形地貌多样，地质构造活动强烈，崩塌、滑坡、泥石流等地质灾害易发频发，是世界上地质灾害最严重、受威胁人口最多的国家之一。1996年，国家开始设立地质灾害防治专项资金，资助额度初始阶段每年0.5亿元；2011年以来，地质灾害防治年度经费在30亿～50亿元；通过整合国土、水利、住建、移民、环保和扶贫等政策资金，至2018年中央财政累计投资超过600亿元，各级地方政府按照国家要求，提供相应地质灾害防治资金，完成约6000处地质灾害防治工程。防灾减灾与土地资源开发、工程建设或生态改良相结合，积极推动地质灾害开发性治理、社会化治理。2019年，国家全面启动高效科学的自然灾害防治体系建设，地质灾害综合治理与避险移民搬迁工程是其9项工程之一。2022年度，特大型地质灾害防治资金共下达约50亿元，用于支持山西、浙江、福建、江西、湖北、湖南、广东、广西、四川、重庆、贵州、云南、西藏、陕西、甘肃、青海、新疆17省（自治区、直辖市）开展地质灾害综合防治体系建设工作，提高地质灾害防治能力。对全国不同地区地质灾害的特点及其治理措施的应用情况进行总结和评价，有利于现有成果经验的推广和后续地质灾害治理工作的开展。

本书以四川省为例，基于不同类型地质灾害点的勘察、设计、监测资料进行分类统计和研究总结，逐例阐明地质灾害基本特征，分析所采用的治理工程措施与技术方法，对治理工程的经济效益、社会效益、工程施工与运行维护技术方法效果进行评价，并提出针对性建议，以期为全国其他地区同类型地质灾害治理提供参考和借鉴。书中所有数据来自四川省国土空间生态修复与地质灾害防治研究院。

著 者

2024年6月

目 录

前言

1 地质环境概况 ··· 1
    1.1 地形地貌 ·· 2
    1.2 气象水文 ·· 4
    1.3 地层岩性 ·· 5
    1.4 地质构造与地震 ··· 6
        1.4.1 区域地质构造 ·· 6
        1.4.2 主要活动断裂（带）特征 ·· 7
        1.4.3 地震活动 ·· 7
    1.5 岩土体工程地质特征 ··· 8
    1.6 水文地质特征 ·· 9
        1.6.1 地下水类型与特征 ··· 9
        1.6.2 地下水补给、径流、排泄条件与动态特征 ···················· 12
    1.7 人类工程活动 ·· 14
        1.7.1 修房筑路 ·· 14
        1.7.2 矿产资源开发 ·· 15
        1.7.3 水电开发 ·· 15
        1.7.4 农业生产 ·· 15
        1.7.5 其他方面 ·· 16

2 地质灾害特征 ·· 17
    2.1 地质灾害类型及规模 ··· 18
    2.2 地质灾害险情 ·· 18
    2.3 地质灾害发育及分布特征 ··· 19

2.3.1　滑坡灾害 ··· 19
2.3.2　崩塌灾害 ··· 21
2.3.3　泥石流灾害 ··· 23
2.4　地质灾害分布规律 ·· 26
2.4.1　行政区划分布与差异 ·· 27
2.4.2　地质环境单元分布与差异 ·· 28
2.4.3　重大历史灾害事件 ·· 32

3　强震山区地质灾害治理工程特点 ·· 35
3.1　防治工程整体情况 ·· 36
3.2　防治工程技术与经验 ·· 36
3.2.1　常用滑坡治理工程措施 ·· 36
3.2.2　滑坡工程治理方法分类 ·· 37
3.2.3　常用泥石流治理工程措施 ··· 42

4　典型地质灾害治理工程案例分析 ·· 48
4.1　案例1：先锋村滑坡治理工程 ·· 49
4.1.1　隐患点概况 ··· 49
4.1.2　工程概况 ··· 49
4.1.3　滑坡成因机理分析 ·· 51
4.1.4　工程设计和施工 ·· 54
4.1.5　技术创新与经验 ·· 56
4.2　案例2：木里县项脚乡项脚沟特大型火后泥石流治理工程 ····················· 57
4.2.1　隐患点概况 ··· 57
4.2.2　工程概况 ··· 58
4.2.3　泥石流成因机制 ·· 59
4.2.4　工程设计和施工 ·· 59
4.2.5　技术创新与经验 ·· 60
4.3　案例3：雅江县县城后山地质灾害隐患综合治理工程 ··························· 62
4.3.1　隐患点概况 ··· 62
4.3.2　工程概况 ··· 64
4.3.3　危岩稳定性分析 ·· 66
4.3.4　泥石流成因分析 ·· 68
4.3.5　工程设计和施工 ·· 69

4.3.6　技术创新与经验 ·· 72
4.4　案例 4：九寨沟县漳扎镇牙扎沟泥石流治理工程 ··································· 73
　　　4.4.1　隐患点概况 ·· 73
　　　4.4.2　工程概况 ·· 74
　　　4.4.3　灾害成因机理分析 ·· 74
　　　4.4.4　工程设计和施工 ··· 80
　　　4.4.5　工程评价及效益分析 ··· 84
4.5　案例 5：炉霍县多条泥石流沟道治理工程 ·· 85
　　　4.5.1　隐患点概况 ·· 85
　　　4.5.2　防治工程概况 ··· 86
　　　4.5.3　灾害成因机理分析 ·· 90
　　　4.5.4　治理工程设计 ··· 101
　　　4.5.5　治理工程施工 ··· 111
　　　4.5.6　工程监测 ·· 119
　　　4.5.7　工程效益分析与评价 ··· 121

地质环境概况

1.1 地形地貌

四川省位于我国西南部，西北依托于青藏高原，南接云贵高原，北越秦岭与黄土高原相接，东连长江中下游平原。总体上看，四川省位于我国地势划分的自西向东的巨大梯级的第一、二级阶梯之间，西高东低，西部高原海拔多在4000m以上，东部盆地中的丘陵，高度仅在500m左右。地势起伏大，最高峰是横断山脉中大雪山的主峰贡嘎山，海拔7556m，最低处位于长江出口，海拔仅230m有余，二者相差超过7300m。

区内地貌类型齐全，包括山地、高原、盆地、丘陵和平原。在川西及川南地区，基本上均为山地和高原所占据，即使东部的四川盆地海拔较低，也是一个丘陵式的盆地，平原面积极小，全省除成都平原面积较大外，其他均呈零星分布，高原和丘陵山地占总面积的91.7%，平原面积仅占8.3%。

从山脉的展布方向来看，川西北部属巴颜喀拉山脉，以北西向为主；川西南部及川西南地区的山脉属横断山脉北段，以南北向为主；川东地区除东西走向的米仓山和北西走向的大巴山以外，其他山脉以北东向为主。

根据省内地貌差异和分布状况，大致以广元—都江堰—雅安—泸定—木里一线和雅安—乐山—宜宾一线将省内分为3个地貌区域，即四川东部盆地山地区域、四川西部高原高山区域和四川西南部高中山山原区域。

四川东部盆地区域位于我国东西地势划分的第二台阶。四川盆地是该台阶上相对下陷的部分，无论从构造上还是形态上看都是十分完整的。盆中大部分区域被中生界红色岩层覆盖，海拔大多在750m以下，盆地周围的群山为古生界或更老的岩层，海拔为1000~3000m。在被红色岩层覆盖的四川盆地的盆底，除川西的龙泉山及川东的华蓥山等20余座条形山地的海拔大于1000m外，盆地底部丘陵的海拔一般多在750m以下，最高的华蓥山主峰高约1704m，最低的长江河谷海拔仅在230m左右。盆底地势微向南倾，长江主干河道偏盆地南部，其北岸支流多于南岸。

盆地西部的龙门山与龙泉山之间是以平原为主体的川西平原，由北西向南东倾斜，海拔为450~750m，周围杂以梯状台地，中部亦有低山丘陵将其分割成数个小平原，其中成都平原最大，面积为6473km²。龙泉山与华蓥山之间的盆中地带，是以多种形态的方山或丘陵为主体的丘陵区，海拔一般在400m左右。华蓥山以东则是由一系列狭窄背斜山地与宽缓向斜谷地组成的平行岭谷地貌，山地呈条形，峭而陡，海拔多在1000m左右，谷地较开阔，丘包密布其中。

盆地的北部以单斜的或层状的低山占优势，海拔多在1000～1500m，盆地南部多被开阔向斜构成的倒置低山及丘陵占据，海拔在1000m左右。

盆地四周的山地以中山为主，除西北部的龙门山、西南部的峨眉山和五指山分属川西、川西南地区外，北缘的米仓山、大巴山海拔为1500～2200m，东南缘的巫山、大娄山海拔多在1000～1500m，均属中山。盆地四周的山地均为较密集的褶皱山地，除米仓山出露有岩浆岩外，其余皆以碳酸岩为主，岩溶现象发育，组成多种形态的岩溶地貌。

四川西部高山高原区域属青藏高原的东南翼，地势高亢。整个四川西部高山高原面由海拔为4100～4900m的夷平面所占据，由北向南倾斜，可分两种类型：一种是在北部的石渠、色达一带，以及中部的理塘、乾宁附近，由浅凹河谷和浑圆形丘陵组成的丘陵状高原；另一种是由四川西部高山高原向深切河谷或向极高山过渡地区的山地，主要分布在雅砻江中游及邛崃山西侧的马尔康小金、松潘以北一带。高原面之上，分布着一些海拔超过5000m的极高山，少数超过6000m，如贡嘎山的海拔为7556m、格聂山为6204m、雀儿山为6168m、四姑娘山为6250m等，它们或岩石裸露，或被冰雪覆盖，发育有现代冰川，坡度陡峭。高原面以下，分布着一些断陷盆地和宽谷。它们海拔较低、地势较平，如炉霍至道孚的鲜水河宽谷、新都桥至乾宁宽谷，色达、理塘、甘孜、竹庆等盆地的海拔为2500～4000m。高原区的主要河流包括金沙江、理塘河、雅砻江、大渡河、鲜水河，及岷江上游，多沿断裂发育，由北西－南东向逐渐转为自北向南流，在高原的北部切割深度较浅，在甘孜、道孚、金川马尔康以南切割深度逐渐加深，可达2500m，形成了自西向东岭、谷相间的地貌景观。在四川西部高山高原西北部的红原、若尔盖一带，地貌景观过渡为海拔3500m左右的沼泽化平坦高原。

总之，该区高原分布于中北部，高山则分布在西南和东南部。四川西南部的高、中山山原区域以海拔1500～3500m的中山山地为主，少数山峰超过4000m，山体与构造线相吻合，山脉走向以南北向为主。该区中部切割较浅并保留有起伏的山原面；东部及西部切割较深，相对高差较大，西部有宽谷及盆地分布，而东部由于断裂纵横切割而形成的悬崖峭壁甚多。除金沙江流经本区南缘外，雅砻江下游及安宁河是区内西部的主要河流，大渡河则在区内北部由西向东流过。

1.2　气象水文

四川省属暖湿的亚热带东南季风和干湿季分明的亚热带西南季风交替影响地区。境内地形错综复杂，对气候影响很大，气候特征差异显著。东部盆地区为暖湿的亚热带东南季风气候，西部高山高原区为干湿季分明的亚热带西南季风气候，西北部为干冷的高原大陆性气候。

东部盆地区域气候的主要特点：春早、夏热、秋雨、冬暖，阴天多、日照少，雨量丰沛、无霜期长，多年平均气温为16～18℃，长江河谷一带最高可达18℃以上，自此向四周递减，外围山地年均气温在15℃左右。盆地区冬季最冷月（1月）平均气温为4～8℃，霜雪少见，雨水少，云雾多；春季气温回升快；夏季炎热期长，降水集中，多暴雨、雷电，盆地东部盛夏常出现连晴高温天气，7月平均气温为25～29℃，极端最高气温可达40℃以上，伏旱突出，而盆地西部则多暴雨，易成洪涝，盛夏"东旱西涝"已是常见的气候特点；秋季气温下降快，多连绵阴雨，持续时间长。盆地区的另一气候特点是湿度大、云雾多、日照少，年平均相对湿度为70%～80%，全年日照时数仅为可照时数的20%～30%。

川西南山地区为干湿季分明的亚热带西南季风气候，气候干燥，云雾少，日照强，冬不冷，夏不热，春秋温爽，干湿季分明。由于山高谷低和北高南低的地势影响，气候垂直差异和南北差异较明显，年平均气温为4～10℃，气温年较差小、日较差大，偏南河谷地区年均气温为12～15℃，其中金沙江河谷地区的年均气温可达20℃，极端最高气温在40℃左右，1月平均气温在10℃以上，全年基本无冬，霜雪少见，日照时数在2000h以上，具有良好的光热条件，宜于发展亚热带、热带经济作物。

川西北高原区，由于地势高亢，山体巨大，原面辽阔，高低悬殊，气候垂直分布异常明显，属高寒气候类型，具有气候寒冷、气温低、干燥、少雨、辐射强、云雾少、日照多、温差大、冰雹多、冬季漫长、无明显四季之分、气候变幻莫测等特点。最冷月均温为 –11.3～6.3℃，最热月均温一般在14℃左右，总热量少，生长季短。

全省多年平均降水总量为 $4869.7 \times 10^8 m^3$，平均年降水量为1003.1mm。降雨时空分布极不均匀，地区差异和年际、年内变化大。在地区分布上，盆地外围山区降水相对丰沛，降水量为1200～1600mm，而盆地低部，川西北高原及金沙江干热河谷为降水低值区，因受地形的影响，形成局部的降水高值区和低值区及高低中心相间分布的复杂状况。由于我省地域辽阔，气候条件差异大，连续4个月最大降水量出现的月份差异较大，长江干流区间的大部和岷江上游汶川至镇江关为5～8月，其余地区为6～9月；从连续4个月最大降水量占全年降水量的百分比来看，由东部边缘的55%递增到西部边缘的80%。从24h最大暴雨值来看，全省24h内降水峰值分布为148～526mm，呈现时空分布不均的特征。

四川省境内河流众多，源远流长，除西北隅的白河、黑河属黄河水系外，其余均属长江水系。全省流域面积在100km²以上的河流共计1065条，500km²以上的河流有325条，10000km²以上河流有17条，全省河川多年平均径流量为5024×10⁸m³/a。河网结构明显地分为3个不同类型：东部的四川盆地内的水系，如岷江、沱江、嘉陵江和涪江等，大体上由西北流向东南，最后汇入长江干流，构成树枝状水系；西南部横断山区的金沙江、雅砻江和大渡河等水系，均作南北走向，东西依次平行排列，构成典型的羽毛状水系；西北隅的白河和黑河则由南向北注入黄河。江河发育具有山区河道特征，谷坡陡峻、河道弯曲、比降大、流水切割强烈。

长江在宜宾以上称金沙江，在长江水系中，除四川省东北边界处汉江支流直接流出省境外，其余都在四川省境内汇入长江，主要河流包括金沙江、雅砻江、岷江、青衣江、大渡河、沱江、嘉陵江、渠江、涪江，还有宜宾至泸州的长江干流及部分支流。

1.3 地层岩性

西部地槽区和东部地台区基底均为下震旦统变质岩系，以板岩、千枚岩为主，夹片岩、大理岩、灰岩、变质砂岩、火山岩、火山碎屑岩及少量片麻岩，零星出露，主要分布于平武-青川以北的摩天岭及东部盆地北缘和西缘的大巴山、龙门山-会理-金沙江等地。因西部地槽和东部地台沉积环境显著不同，其上分别沉积了两套相连而又有较大差异的地层。

西部地槽区：发育了一套早古生代至三叠纪的巨厚浅海相碎屑岩，夹碳酸盐岩和火山碎屑沉积，广泛经受区域变质。其中，三叠系厚度最大、分布最广，岩性以砂岩、板岩为主，夹片岩、灰岩，西部义敦等地夹较多火山岩；因巨厚的三叠系大规模掩盖，古生界分布甚为零星，主要见于本区西缘、南缘及北东缘，其岩相变化甚大，但就总的岩性组合情况来看，以碳酸盐岩、碎屑岩为主，次有火山岩等；区内若尔盖地区郎木寺还出露有侏罗系含煤沉积地层及火山岩，区内山间盆地尚零星分布有白垩系红色碎屑岩沉积地层和古近系—新近系碎屑岩含煤沉积地层；第四系松散层除了在红原若尔盖地区分布较广外，其余地区仅零星分布于宽谷或盆地地带，沉积相主要为河湖、湖沼相，间有冰川成因下的砂、泥砾石及黏性土。

东部地台区：地层发育较全，包含震旦系、古生界，以及中生界下—中三叠统，层序亦较完整，以碳酸盐岩为主，次有碎屑岩等，广泛分布于盆周、川西南地区和盆地东部各背斜轴部等地区，其中普遍缺失上志留统、泥盆系及石炭系。川西南地区广泛分布上二叠统玄武岩，且其北部有下震旦统火山岩大面积分布；中三叠世以后，盆地转入陆相沉积，形成了广泛分布于盆地内部的上三叠统、侏罗系及白垩系红色碎屑岩；川西南地区亦有上三叠统分布，并于山间盆地广泛发育侏罗系—白垩系红层。古近系—新近系亦为碎屑岩沉积，主要分布于川西南地区的安宁河谷、盐源盆地、盐边和攀枝花金沙江一带。第四系松散堆积层除了在川西平原、安宁河谷和盐源盆地分布面积较大外，沿各河流均零星有所分布，主要为冲积物、洪积物、冰水堆积的砂砾石层及黏性土。

1.4　地质构造与地震

1.4.1　区域地质构造

四川省的大地构造具明显的两分性、过渡性及发展演化的阶段性。根据传统的槽、台概念及地台的不整合接触关系、大地构造运动等因素，经综合分析，将四川省的大地构造单元划分为Ⅰ级单元4个、Ⅱ级单元12个、Ⅲ级单元19个、Ⅳ级单元38个。

1. 扬子准地台（Ⅰ₁）

以龙门山—盐源一线为界，分布于四川东部一带，是晋宁旋回褶皱固化的相对稳定区。据同位素年龄资料，地台基底岩石的定年结果多为7亿～12亿年，最大达27亿年（垭口），由此说明其地质演化过程不仅包含元古宙，而且可能涉及太古宙。扬子准地台下分Ⅱ级单元6个、Ⅲ级单元11个、Ⅳ级单元31个。

2. 松潘－甘孜地槽褶皱系（Ⅰ₂）

位于扬子准地台西和西北方向，金沙江以东，秦岭－昆仑山以南的四川广阔区域。自古生代开始发生，逐渐扩展，古生代及三叠纪有复杂的发展历史，晚三叠世逐渐封闭并转化为褶皱系。松潘－甘孜地槽褶皱系下分Ⅱ级单元3个、Ⅲ级单元8个、Ⅳ级单元7个。

3. 三江地槽褶皱系（Ⅰ₃）

该系发育于金沙江，澜沧江和怒江流域，占西藏、云南、青海及四川等省、自治区各一部，四川省境内布于巴塘北－得荣南一带，属末海西褶皱带。下分Ⅱ级单元1个，称为江达－巴塘优地槽褶皱带。

4. 秦岭地槽褶皱系（Ⅰ₄）

四川省仅占其极少一部分，即西秦岭冒地槽褶皱带和北大巴山冒地槽褶皱带南缘。前者位于摩天岭台隆和若尔盖地块之北，东段与台隆过渡，西段以牙沟断裂带为界；后者位于大巴山弧形褶皱带北侧达州市通川区东部。属晚加里东期和印支早、中幕运动。秦岭地槽褶皱系下分Ⅱ级单元2个。

综上，四川省大地构造单元格局以龙门山—盐源—线为界，东为相对稳定的扬子准地台区，西为相对活动的松潘－甘孜地槽褶皱系，北为秦岭褶皱系，西南为三江褶皱系。

1.4.2　主要活动断裂（带）特征

在青藏高原东部南北向构造带演化过程中，在地壳东向运动不均匀的部位形成了不同方向的活动断裂带，这些活动断裂对地震分布具有显著的控制作用。初步统计表明，四川省主要活动断裂（带）包括：龙门山断裂带、鲜水河断裂带、安宁河断裂带、岷江断裂、大渡河断裂、龙泉山断裂等。其中龙门山断裂带、鲜水河断裂带和安宁河断裂带在平面上呈"Y"字形展布，是主要的分区断裂，控制着区内新构造活动的发展和演化。

第四纪晚期以来，在"Y"字形构造带中，龙门山断裂带运动速度长期保持在较低水平。根据全球定位系统（global positioning system，GPS）观测资料，龙门山中部和南部现今地壳运动速率大部分小于观测误差，北部现代地壳缩短速率约为4mm/a。以GPS观测资料为约束，估算得到龙门山断裂带现今右旋走滑速率为1～3mm/a，汇聚速率为2～3mm/a，而龙门山周边，现今构造运动与地震活动都十分强烈，如北西走向的鲜水河断裂和近南北走向的安宁河断裂，断裂现今走滑速率高达4～10mm/a。

1.4.3　地震活动

四川省历史上多次发生地震，1933年以后大于5级的具有代表性的地震达40起，最高震级发生于2008年5月12日的汶川,震级为8.0级。四川省位于喜马拉雅-地中海地震带,受川滇地块和川青地块向南东方向运动的影响,在这两个地块边界或受其影响比较大的断裂带上形成了以下八大断裂地震带。

（1）鲜水河地震带：四川省最长的地震带，北起甘孜东北谷，向南延伸，经炉霍、道孚、康定，南达石棉。鲜水河断裂、折多塘断裂及石棉断裂便分布在该地震带内，属川滇地块北边界。该地震带上曾发生过8次7级和7级以上的大地震。

（2）安宁河-则木河地震带：北起冕宁，中经西昌、德昌、金河，南抵云南元谋。近南北向安宁河断裂带、北西向则木河断裂带和大凉山断裂带共同组成川滇地块东边界。

（3）金沙江地震带：位于甘孜州境内，沿金沙江东侧展布，北起德格县，经白玉县和巴塘县，南到得荣县止。南北方向展布，该地震带内在1870年曾发生过巴塘7.3级强震，在1989年曾发生过巴塘6.7级强震。

（4）龙门山地震带：南起天全，往北经都江堰、汶川、茂县、北川、青川入陕西宁强，绵延约500km，恰与龙门山断裂带相对应，2008年"5·12"汶川地震、2013年"4·20"芦山地震都发生在该地震带。

（5）松潘地震带：主要分布于松潘-平武以东-九寨沟一带，属于虎牙断裂带。它和龙门山地震带共同属于控制青藏高原东缘1级活动地块的边界构造带。2017年"8·8"九寨沟地震就发生在该地震带。

（6）名山-马边-昭通地震带：北起名山，中经峨眉山、峨边、马边、雷波，南入云南大关、昭通。中北段受四川盆地地块西南缘的挤压，变形为断褶带，南段为北东向华蓥山断裂带与近南北向断裂的交汇区。

（7）理塘地震带：西北起邓柯，东南向延伸经甘孜，南下理塘，直至木里附近，位于川滇地块内部的北半部分，包括理塘断裂带和九龙-木里断裂。

（8）木里-盐源地震带：主要分布在凉山州木里县和盐源县境内，向南可延伸到云南省宁蒗县，其历史地震级别大都在6～7级，多数在7级以下。

四川省内地震可以分为逆冲型地震和走滑型地震两种，逆冲型地震发生在逆冲型活动断裂带，如龙门山断裂带内的2008年汶川大地震和2013年庐山地震；走滑型地震发生在走滑断裂带，如鲜水河断裂带内的1973年炉霍地震、2014年康定地震等。

1.5 岩土体工程地质特征

四川省第四系松散堆积除了在东部盆地的川西平原、川西南地区的安宁河谷和盐源盆地、川西北红原-若尔盖地区分布较集中面积较大外，其余仅在河谷和山间盆地零星分布。土体根据粒度成分可以划分为两个工程地质岩类，即黏性土工程地质岩类和砂砾土工程地质岩类，再按土体的工程地质性质划分亚类，可以将黏性土划分为一般黏性土和胀缩土。其中胀缩土集中分布于成都平原成都以东地区，在红原-若尔盖地区尚有淤泥质土分布。按土体结构分，上述几处松散堆积物覆盖面积较大的地区的土体均是由黏性土与砂砾土组成的双层或多层结构土，一般表层为黏性土，下部为砂砾土或砂砾夹黏性土。

此外，西部地区高原面以上，因寒冻风化作用强烈，产生大量岩屑堆积，广泛发育有厚1m左右但分布零星的岛状冻土及季节性冻土。

1.6 水文地质特征

1.6.1 地下水类型与特征

四川省地貌类型多样、岩性齐全，受地貌及岩性控制，各岩土体的含水、透水性、含水层类型及分布情况有所不同，根据上述因素及地下水动力特征，将四川省地下水分为四大类。

1. 松散岩类孔隙水

该类地下水分布面积约 $2.78 \times 10^4 \text{km}^2$，主要分布于成都平原、安宁河谷平原、若尔盖草原平坝，亦零星分布于其他河谷阶地及山间盆地区。按含水层的富水性可将其划分为富水性良好（单井涌水量大于1000m³/d）、中等（单井涌水量为100～1000m³/d）、微弱（单井涌水量小于100m³/d）和基本无水的4个级别。

成都平原面积达 $0.647 \times 10^4 \text{km}^2$，分上下两个含水层，上部含水层由第四系全新统和上更新统砂、卵砾石，以及含泥砂、卵砾石层组成，层厚一般为10～20m，局部约40m，其厚度由四周向中心增大；水位埋深一般为1～6m，含水层富水性良好，单井涌水量为1200～2400m³/d，在沿主要河流及补给条件良好地带，单井涌水量大于3000m³/d。下部含水层由第四系中—下更新统泥质砾卵石层组成，厚约70m，东部埋深渐浅，富水性级别为中等-微弱，单井涌水量为100～500m³/d，具承压性。而成都平原东部台地地区松散层以黏性土为主，基本无水。

安宁河谷平原面积为 $0.187 \times 10^4 \text{km}^2$（包括西昌盆地），分4个含水层，第一含水层由第四系全新统砂、砾石层组成，厚度为15～70m，水位埋深为0.5～7m，富水性良好，单井出水量为 1000～3000m³/d；第二含水层为第四系上更新统砂、砾石透镜体，水位埋深为 1～18m，富水性不均，总体上级别为微弱 – 中等，单井涌水量一般小于 100m³/d，西昌盆地水头高出地面达 18m，自流量达 440m³/d，具承压性；第三含水层由埋藏较深的中—下更新统含泥砂、砾石层组成，顶板埋深为 60～170m，厚度为 10～25m，水位埋深较浅，富水性中等，单井涌水量为 100～1000m³/d，具承压性，局部自流；第四含水层由新近系昔格达组（N_2x）松散砾石层组成，顶板埋深多大于 200m，水位埋深为 1～5m，具承压性，富水性中等，单井涌水量为 100～1000m³/d。

若尔盖草原平坝面积达 $0.91×10^4$km²，由第四系松散砂、砾卵石堆积组成，厚度为数十到数百米不等，沼泽发育，水位埋深为 0～5m，富水性等级为中等，一般单井涌水量为 500～1000m³/d，局部自流；白河中上游、加曲河冲积阶地和热尔大坝等地区富水性良好，单井涌水量为 1000～5000m³/d，白河下游、黄河沿岸冲积层等地区富水性等级为中等，单井涌水量为 500～1000m³/d，黑水河中下游宽谷平坝、黄河高阶地古河道、白河瓦切谷地等地区地下水含水层的富水性等级为中等，单井涌水量为 100～500m³/d。

其他山间盆地与河谷阶地面积约 $1.034×10^4$km²，分布零星，一般由第四系全新统冲、洪积层组成，富水性等级为中等，盆地主要河流阶地的含水层厚度为 5～20m，地下水位埋深为 1～5m，单井涌水量可达 500～2000m³/d。

2. 碎屑岩类孔隙、裂隙水

该类地下水分布面积约 $15.14×10^4$km²，按地下水赋存空间的性质及水动力特征又可分为 3 个亚类。

碎屑岩风化带裂隙水： 分布于东部盆地广大地区，以及局部盆周山地、川西南山地及川西高原区；含水岩层时代齐全，从震旦系—新近系皆有，主要为侏罗系、白垩系砂岩，其次为页岩、泥岩、砾岩等。富水程度不均，普遍贫水，含水层厚度一般为 30～50m，单井涌水量小于 100m³/d，泉流量为 0.01～0.50L/s；但在地形、构造、岩性等有利条件下，地下水相对富集，单井涌水量可达 100～500m³/d。

可溶性溶孔（洞）裂隙水： 分布于盆地西侧边缘、威远穹窿北西翼外围，以及西南山地的西昌、会理等地；含水层主要由古近系、新近系、白垩系、侏罗系的富含钙质、膏盐层的砾岩、红色砂岩组成，富水程度不均，属中等富水 – 富水，水位埋深为 0～10m，部分承压自流，一般单井涌水量为 100～1000m³/d，泉流量为 1～10L/s，暗河最大流量达 56.8L/s。

层间裂隙水： 分布于盆地内及周边、西南山地地区的背斜翼部、倾没端和向斜轴部，形成自流斜地或向斜盆地，含水层由白垩系、上三叠系须家河组砂岩组成，夹页岩、泥岩和煤层等，厚度大而稳定，含水层顶板埋深为24～40m，成都东部台地白垩系夹关组顶板埋深可达100～250m，富水性一般为中等，单井涌水量为100～300m³/d，在构造等有利部位单井涌水量大于1000m³/d，具承压性。

3. 碳酸盐岩类裂隙溶洞水

根据其埋藏分布条件可分为裸露型和埋藏型，按其岩性组合差异可分为碳酸盐岩类裂隙溶洞水和碎屑岩碳酸盐溶洞裂隙水（碳酸盐岩占30%～70%）。埋藏型主要指盆地内埋藏于碎屑岩之下的碳酸盐岩类裂隙溶洞水，一般为承压水或自流水；裸露型岩溶水的覆盖面积为$5.82×10^4 km^2$，主要分布于盆地外缘山地、盆东条形褶皱带的背斜核部、西南山地及川西高原高山局部地段。

盆地外缘山地岩溶水的岩层组合主要为下—中三叠统、二叠系、石炭系、泥盆系的灰岩、泥灰岩、白云岩，受岩性、地貌、构造、岩溶发育程度等控制，富水性不均。在盆缘外周的中、高山地带，泉流量小于10L/s，地下水富水性微弱；而近盆地的盆周地区，岩溶发育，地下水常以大泉、暗河形式排泄，长度达数至数十千米，富水性良好，大泉、暗河流量达100～1000L/s。

盆东条形褶皱带各背斜核部及盆中威远穹窿核部主要分布下—中三叠统雷口坡组、嘉陵江组的灰岩岩溶潜水，富水性一般微弱，泉流量一般小于10L/s；个别富水性中等，泉流量可达10～100L/s；上述构造部位浅埋藏型岩溶承压水也较为发育，富水性良好，单井涌水量达500～1000m³/d，大者达3000m³/d以上。

西南山地地区岩溶水主要分布于汉源—甘洛—会东—线以东及盐源盆地一带，含水岩组为中三叠统白山组、下二叠统、上震旦系灯影组，以及部分石炭系、中泥盆统灰岩、白云质灰岩、白云岩。受构造控制，其富水性不一，盐源盆地富水性中等，暗河流量多大于100m³/s，越西新民、中所自流盆地暗河枯期流量达2000～3000L/s，冕宁里庄磨房沟断层上升泉流量达2580～12700L/s，攀枝花大水井地区单井涌水量为100～1000m³/d；其他地区富水性中等或微弱，泉流量小于100L/s。

西部高原高山区，南坪、松潘含水岩组为泥盆系、石炭系和三叠系厚层灰岩，岩溶发育，水量较丰富，泉流量多200～300L/s；西部金沙江东岸含水岩组为古生界结晶灰岩、生物灰岩、白云岩等，富水性为中等-良好，泉流量为10～1000L/s；除此外，木里、康定、理塘、乡城等地富水性一般为微弱-中等。

4. 基岩裂隙水

变质岩裂隙水：面积为 $20.80\times10^4km^2$，多分布于西部高原、高山区，含水层由三叠系西康群砂板岩、片岩，以及东、西、南边缘山地的元古宇、古生界的石英岩、板岩、千枚岩、结晶灰岩、大理岩、变质火山岩等组成，赋存于构造风化网状裂隙中，水量贫乏，水质良好，泉流量一般为 0.1～1L/s，相对富水段的泉流量可在 1L/s 以上，个别达每秒数十升以上。

岩浆岩裂隙水：面积达 $4.22\times10^4km^2$，分布于西部高原高山区（岩浆岩）和西南山地区（酸性玄武岩），除新生代外，各期构造运动均伴有岩浆活动，岩石种类繁杂。地下水赋存于构造风化带裂隙及裂隙、孔洞中，泉流量一般小于 1L/s，在构造或围岩接触带有利部位的泉流量可大于 1L/s。

1.6.2 地下水补给、径流、排泄条件与动态特征

四川省地形地貌条件、构造复杂，加之降水量及地表径流的时空分布不均，导致省内地下水补给资源量在空间和时间上的不均。根据地下水径流模数大小，将全省划分为以下 6 个区域。

（1）地下水资源极丰富，补给模数大于 $50\times10^4m^3/(a\cdot km^2)$ 的区域。主要分布于成都平原和岩溶发育的川东槽谷区。成都平原地势平坦，降水丰富，上覆大量第四系砂、卵石层，降雨入渗条件好，同时在枯水期受到岷江水系河流地表水补给，地下水补给量极丰富，地下水径流、赋存条件好；川东槽谷区，降水丰富，植被覆盖率较高，岩溶发育，形成了大量的地表水入渗通道，地下水补给量极丰富，地下水径流条件好，多在山腰、山脚及槽谷地带形成大泉排泄。

（2）地下水资源丰富，补给模数为 $30\times10^4\sim50\times10^4m^3/(a\cdot km^2)$ 的区域。主要分布于盆周山地中岩溶较发育的区域，包括筠连、叙永等地，还包括盆地内主要河流的一级阶地。该区内，地下水补给量丰富，主要受到大气降水补给，河流一级阶地在丰水期还接受河流补给。岩溶较发育区地下水多经连通的岩溶裂隙、暗河等在山腰裂隙贯通处、侵蚀基准面附近形成大泉出露，一级阶地的地下水则沿松散堆积体中的孔隙通道排泄补给河流。

（3）地下水资源较丰富，补给模数约 $20\times10^4\sim30\times10^4m^3/(a\cdot km^2)$ 的区域。主要分布于西南山地中的部分岩溶地区，碎屑岩类层间裂隙水普遍埋藏的川东平行岭谷，龙门山前缘的可溶砂、砾岩溶孔水地段，第四系孔隙水广泛分布的若尔盖草原，以及岷江中游

的彭山、眉山、夹江沿河阶地等地区。该类区域降水较丰富，地下水入渗条件较好，补给量较大。地下水赋存、运移于岩溶孔洞、裂隙中，赋存径流条件较好，其径流途径较短，地下水多就近在地势较低处以泉水的形式排泄。

（4）地下水资源中等，补给模数为 $10 \times 10^4 \sim 20 \times 10^4 m^3/(a \cdot km^2)$ 的区域。主要分布于西部第四系山间盆地，以及西南山地可溶砂、砾岩裂隙溶孔水相对富集部位，还包括西部高原部分变质岩、岩浆岩裂隙水较富水的地段。该区地下水补给条件相对较差，主要受大气降水补给，入渗量较小，降雨较多形成地表径流流失。地下水赋存空间相对较好，多沿贯通的孔隙、裂隙运移至就近区域排泄。

（5）地下水资源较贫乏，补给模数为 $5 \times 10^4 \sim 10 \times 10^4 m^3/(a \cdot km^2)$ 的区域。包括大部分地区的变质岩、岩浆岩和碎屑岩类裂隙水。该类区域，上部多覆盖第四系松散堆积黏性土层或直接出露地表，接受大气降水补给，入渗条件差，补给量较小。该类岩层裂隙多为浅部风化裂隙，构造裂隙和贯通性好的裂隙多不发育，地下水赋存、径流条件差、径流途径短，多就近排泄。

（6）地下水资源贫乏，补给模数小于 $5 \times 10^4 m^3/(a \cdot km^2)$ 的区域。主要为四川盆地内广泛分布的红层砂岩、泥岩裂隙水。该区域降水量大多较少，上部多覆盖第四系黏土层、亚黏土层，地表水入渗条件差、区域汇水面积小、地下水补给量小。该类地下水赋存于浅部风化带裂隙中，裂隙发育程度差，连通性差，地下水赋存、径流条件差，径流途径短，多以潜水的形式存在于地下，少量以泉的形式排泄出地表。

四川省内地下水主要受到大气降水的补给，部分地表水体发育的地段也受到地表水的补给。省内降水在时间、空间上有明显的分布不均的规律，同时由于区内地质条件及地下水的补给、径流、排泄（补、径、排）条件的不同，导致了地下水的动态变化的不一致性，现按照地下水的类型对其进行分析。

松散岩类孔隙水： 包括成都平原、安宁河谷平原和若尔盖草原平坝等第四系含水层厚度较大且较稳定的区域。该类地区地下水赋存、运移条件好，大气降水多赋存于松散岩土体孔隙中，降水量减少时可以接受地表水体的补给。该类地下水对降水量变化的调节功能较强，动态变化不大。丰水期和枯水期的水位动态变化一般为 3～5m，水量较稳定；但在连续干旱或暴雨的情况下，地下水的水量也可能出现大幅度的变化。

碎屑岩类孔隙、裂隙水： 包括碎屑岩风化带裂隙水、可溶性溶孔（洞）裂隙水、层间裂隙水。前两者多直接受到大气降水补给，受降水量变化的直接影响，在构造、地形等地质条件有利的区域，其自我调节能力较好，水量、水位的变化随降水量的变化较小。在富水构造等不利的条件下，水量、水位直接受到降水的影响，表现明显。基岩层间裂隙水的补给源部分为远程的水体补给，部分也接受上部风化带裂隙水、溶洞裂隙水等的补给，自我调节能力良好，一般受降水的直接影响较小。

碳酸盐岩类裂隙、岩溶水： 根据其埋藏分布条件分为裸露型和埋藏型。裸露型岩溶水直接接受大气降水补给，其水量直接受到降水量变化的影响，地下水动态变化明显。埋藏型岩溶水可分为浅埋藏型和深埋藏型，浅埋藏型岩溶水分布在地下1000m以上，主要接受周边岩土体中地下水的补给，由于埋藏较浅，接受补给的范围较小，受大气降水影响较显著，动态变化较明显；深埋藏型岩溶水接受上部及周边岩土体中地下水的补给，还可能接受远程水体通过岩溶管道、地下暗河等提供的补给，补给源较稳定、补给范围大、调节能力强、受降水影响不明显、动态变化不显著。

基岩裂隙水： 包括变质岩裂隙水和岩浆岩裂隙水。该类型地下水的水量多贫乏，多赋存于风化、构造裂隙中，地下水补给、径流条件差，多受降水补给，自我调节能力差，地下水动态变化显著。

总之，四川省内地下水多接受大气降水补给。大气降水在时间、空间上分布的不均匀性，导致区内地下水的补给量在时空上变化明显，不同的地下水类型由于不同的补给、径流、排泄条件而受到的影响程度不一，但均随大气降水的变化而动态变化。

1.7　人类工程活动

四川省幅员广阔，各类资源丰富，随着社会经济发展，特别是近年来在基础设施、交通、能源、水利、城建等投资力度的加大，带动了社会经济的发展，但同时对自然生态环境的影响也日益加剧，特别是地质环境的破坏所造成的灾害也更加严重。人类工程活动引发地质灾害的现象主要表现为以下几点。

1.7.1　修房筑路

四川道路建设较多，包括高速公路、国道、省道和铁路建设，以及城镇建设、村民住房修建。随着社会经济的不断发展，各县城镇建设步伐加大，农村居民建房逐渐增多，由于居住习惯等因素的影响，很多居民建房都背山面沟，削坡修建于坡脚。由于缺乏合理的工程技术指导，在削坡或者选择宅基地时，往往产生不稳定的高陡边坡，随着岩石风化及雨水冲刷的不断影响，极易造成崩塌和滑坡。

公路、铁路建设受山区地形限制，削坡开挖边坡过高过陡，引起坡体自重加大，失去支撑，易导致崩塌的发生；公路通过斜坡凹部、通过斜坡下部松散堆积物、在斜坡上部加载或开挖坡脚等，均易导致崩塌的发生。

1.7.2　矿产资源开发

四川省蕴藏的矿产资源极其丰富。一方面，不合理的采矿引起的地质灾害时有发生，主要是采矿放炮、采矿放坡和矿井施工，特别是露天开采等人为活动，会使自然边坡的稳定状态受到破坏，坡体内力学平衡发生变化，加剧了滑坡和崩塌灾害的形成；另一方面，采矿产生的弃土、弃渣的任意堆放，又为暴雨激发崩塌、滑坡、泥石流等地质灾害提供了更多的物质来源，如漳腊砂金矿的开采过程中，由于不合理地堆放弃渣，从而诱发泥石流。

1.7.3　水电开发

四川省水电资源丰富，近年来得到了有效开发利用。建设工程中，厂房建设、隧洞开挖、库区移民搬迁等人类工程活动频繁。引水式电站在开挖引水渠、引水隧洞和泄洪道的过程中，有的渠段削坡过陡、爆破过量、渠水渗漏等给周围环境带来不利影响，如增大斜坡风化岩体和残坡积层的静动水压力和潜蚀等，引起斜坡失稳。蓄水式水电站库区水位的涨落，引起局部库岸蠕动变形，可能形成新滑坡等地质灾害。重开发、轻保护的掠夺式开发活动，以及不合理切坡、废弃土石的乱堆乱放，引发并加剧了地质灾害的发生，特别是在交通沿线、水利水电工程建设区和人口集中城市等地区，这种情况更为突出。

1.7.4　农业生产

农业生产方面，在非平原地区，除少数河流阶地和泥石流堆积扇用于开发耕地外，多数耕地位于沟谷和山坡，村民多修建简易引水渠道进行农田灌溉，但是引水渠缺乏必要的防渗水处理，引水渠中的水持续不断地渗入坡体，软化土体，从而引发滑坡。同时坡上土地没有设置统一的排水系统，遭遇大暴雨或者连续降雨，坡上雨水便漫山遍流，在一些坡度较陡且松散层较厚的地方容易导致滑坡的发生。

1.7.5　其他方面

在"天然林保护工程"实施以前,四川省内森林被过度砍伐,加上区内土体较薄、自然条件恶劣、植被恢复能力较差,植被失去了对斜坡表层土体的保护作用,导致了坡面泥石流、滑坡的发生,同时表层土的松动亦为泥石流提供物源。

2 地质灾害特征

2.1 地质灾害类型及规模

四川省地质灾害类型多样，滑坡、崩塌、泥石流、地面塌陷等灾害均有发育。截至2022年4月1日，共有隐患点88222处（包括已销号隐患点），其中滑坡有60250处、崩塌有18829处、泥石流有8873处，地面塌陷有270处。从全省角度而言，地面塌陷隐患点数量较少，故本次评价（包括后文）地质灾害隐患点均指滑坡、崩塌、泥石流3种地质灾害类型。滑坡、崩塌、泥石流隐患点总计87952处（包括已销号隐患点），从规模上看，地质灾害隐患点中包括特大型141处、大型1195处、中型10351处、小型76265处，地质灾害规模以中、小型为主（表2.1），大型及以上规模的地质灾害隐患点主要分布在阿坝藏族羌族自治州（阿坝州）、甘孜藏族自治州（甘孜州）、凉山彝族自治州（凉山州）、雅安市、巴中市和达州市等市（自治州）。

表 2.1 四川省主要地质灾害规模统计表　　　　　　　（单位：处）

类型	小型	中型	大型	特大型	合计	占比/%
滑坡	53910	5649	655	36	60250	68.50
崩塌	16154	2355	296	24	18829	21.41
泥石流	6201	2347	244	81	8873	10.09
合计	76265	10351	1195	141	87952	100.00
占比/%	86.71	11.77	1.36	0.16	100.00	

2.2 地质灾害险情

地质灾害对人民群众生命财产安全以及社会经济发展都产生了重大影响。截至2022年4月1日，未销号隐患点共计27867处，威胁人数达1085020人，威胁财产达707.26亿元。其中，特大型险情点有78处、大型险情点有169处、中型险情点有3815处、小型险情点有23805处（表2.2）。

表 2.2 四川省主要地质灾害险情统计表　　　　　　　（单位：处）

类型	特大型	大型	中型	小型	合计	占比/%
滑坡	36	68	2013	14968	17085	61.31
崩塌	14	32	517	4660	5223	18.74
泥石流	28	69	1285	4177	5559	19.95
合计	78	169	3815	23805	27867	100.00
占比/%	0.28	0.61	13.69	85.42	100.00	

2.3 地质灾害发育及分布特征

2.3.1 滑坡灾害

1. 规模特征

滑坡是四川省发育最为广泛、数量最多的地质灾害类型，总数多达 60250 处（包括已销号隐患点），截至 2022 年 4 月 1 日，未销号的滑坡共计 17294 处。从规模上看，四川省的滑坡主要以小型为主，包括小型滑坡 53910 处、中型滑坡 5649 处、大型滑坡 655 处、特大型滑坡 36 处，分别占滑坡总数的 89.48%、9.38%、1.09%、0.06%。特大型滑坡主要分布在甘孜州、阿坝州、凉山州、雅安市，特大型滑坡统计见表 2.3。

表 2.3 特大型滑坡统计表

序号	特大型规模滑坡隐患点名称	地理位置	体积 /$10^6 m^3$
1	文宫镇石加村 7 组黑石崖滑坡	眉山市仁寿县文宫镇	11.7
2	陇东镇青江村 1、2、3、4 组唐包滑坡	雅安市宝兴县陇东镇	30.0
3	叠溪镇两河口村新村组滑坡	阿坝藏族羌族自治州茂县叠溪镇	18.0
4	清平镇伐木厂黄土坑滑坡	德阳市绵竹市清平乡	20.0
5	古学乡得则村滑坡	甘孜藏族自治州得荣县古学乡	15.0
6	渭门镇核桃村下组河对面滑坡	阿坝藏族羌族自治州茂县渭门镇	14.4
7	渭门镇德胜村茅草坪滑坡	阿坝藏族羌族自治州茂县渭门镇	11.6
8	叠溪镇拴马村梯子槽滑坡	阿坝藏族羌族自治州茂县叠溪镇	10.0
9	南新镇园艺场石坪滑坡	阿坝藏族羌族自治州茂县南新镇	10.5
10	两河口镇油坊村邓家山滑坡	阿坝藏族羌族自治州小金县两河口镇	18.0
11	清平镇盐井村 6 组韩家大坡滑坡	德阳市绵竹市清平乡	81.6
12	巴塘县夏邛镇茶雪村茶树山滑坡	甘孜藏族自治州巴塘县夏邛镇	21.6
13	峡口村 1 组峡口滑坡（十公桩）	雅安市雨城区碧峰峡镇	10.6
14	贾家山滑坡	雅安市天全县喇叭河镇	11.1
15	呷尔镇扎日村洛漠组滑坡	甘孜藏族自治州九龙县呷尔镇	23.1
16	巴塘县地巫乡中珍村呷金雪滑坡	甘孜藏族自治州巴塘县地巫镇	14.3
17	满银沟镇小米地村 1、2、3、6 组中村滑坡	凉山彝族自治州会东县满银沟镇	23.4
18	峨边彝族自治县宜坪乡庙岗村 9 组南山楠木滑坡	乐山市峨边彝族自治县宜坪乡	21.0
19	东榆镇长丰村 2 组千邱塝滑坡	巴中市南江县公山镇	35.0
20	九里镇兴阳村 3 组"王山–抓口寺"滑坡	乐山市峨眉山市九里镇	15.0
21	兴隆镇兴隆村 2 组场后山滑坡	甘孜藏族自治州泸定县兴隆镇	12.0
22	淌塘镇老君洞村 1 组红泥岗滑坡	凉山彝族自治州会东县淌塘镇	24.8
23	沃日镇黄家山村黄家山滑坡	阿坝藏族羌族自治州小金县沃日镇	18.0
24	陇东镇先锋村 1、2、3 组先锋村滑坡	雅安市宝兴县陇东镇	90.0
25	天地坝镇唐家屋基村英子组滑坡	凉山彝族自治州金阳县天地坝镇	12.0

续表

序号	特大型规模滑坡隐患点名称	地理位置	体积 /10⁶m³
26	巴塘县地巫乡甲雪村岜然滑坡	甘孜藏族自治州巴塘县地巫镇	11.16
27	黎洪乡阿拉村1、2组滑坡	凉山彝族自治州会理县黎洪乡	22.5
28	会东县老君滩乡新田村4组三分窑滑坡	凉山彝族自治州会东县老君滩乡	24.0
29	叠溪镇桃花村野鸡坪滑坡	阿坝藏族羌族自治州茂县叠溪镇	35.0
30	会东县铁柳镇可河村10组马槽地滑坡	凉山彝族自治州会东县铁柳镇	89.0
31	巴塘县地巫乡中珍村2#滑坡	甘孜藏族自治州巴塘县地巫镇	15.7
32	五龙乡东升村1、2、3、5组白塔滑坡群	雅安市宝兴县五龙乡	16.8
33	叠溪镇桃花村野鸡坪余家前后滑坡	阿坝藏族羌族自治州茂县叠溪镇	15.0
34	甲居镇甲居三村甲居滑坡群	甘孜藏族自治州丹巴县甲居镇	10.1
35	黎洪乡阿拉村1、2、5组滑坡	凉山彝族自治州会理县黎洪乡	22.5
36	宅垄镇沉水沟村马鞍滑坡	阿坝藏族羌族自治州小金县宅垄镇	24.3

2. 空间分布特征

滑坡在四川省内分布不均匀，宏观上集中发育在龙门山断裂带、龙泉山山脉以及川东北的秦岭大巴山山脉，明显地呈现出受地形地貌影响的特征。从密度来看，最高可达93处/100km²，滑坡比较密集的区域有龙门山断裂带滑坡密集区、龙泉山滑坡密集区以及平武-苍溪-南江方向滑坡密集区。

3. 时间分布特征

统计2000～2021年滑坡发生数据，共有滑坡隐患点55052处。新增数量总体趋势为先增加后降低（图2.1），在2008年、2013年新增滑坡地质灾害数量达到峰值，分别为4212处、7503处，受"汶川大地震"和"芦山地震"等地震事件的影响；在2017年和2020年新增滑坡地质灾害数量变多，受"九寨沟地震"以及2020年"8·10降雨"等事

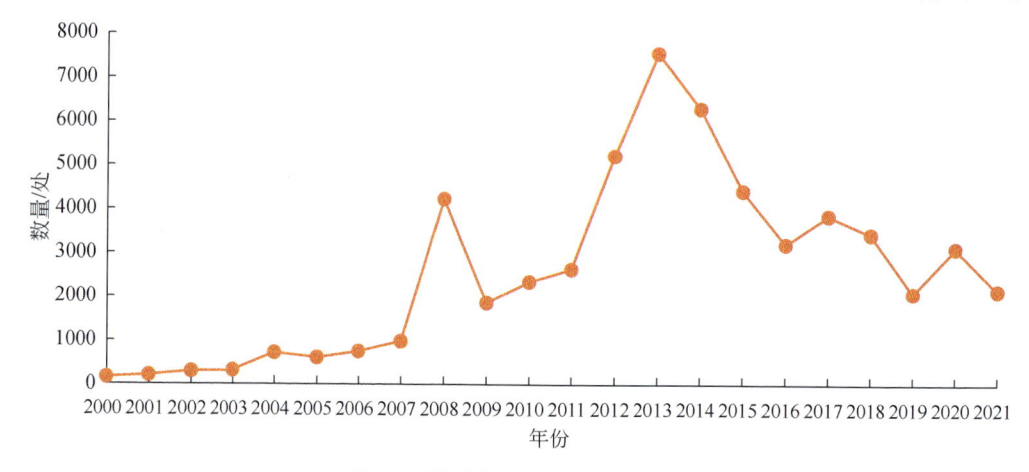

图2.1 滑坡年际新增数量分布图

件的影响。滑坡灾害年际新增数量的时间统计特征表明,四川省内滑坡灾害发生频率受地震、暴雨等事件影响较大。

统计60250处滑坡隐患点发生滑坡灾害的月份(图2.2),可以看出,滑坡主要发生在7月、8月,占比达到49.4%,约占总滑坡数量的一半;在整个雨季,滑坡灾害的新增数量明显高于其他月份,说明滑坡受降雨影响显著。

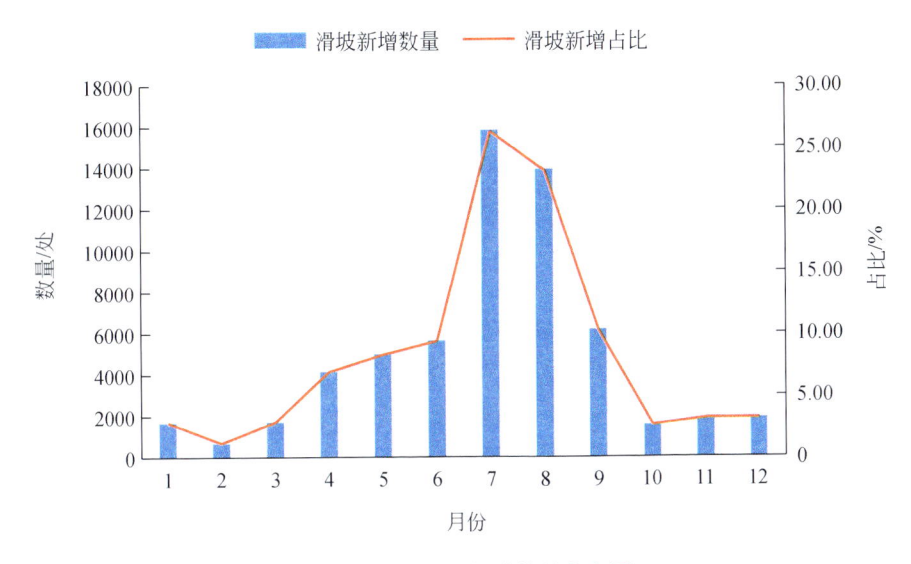

图2.2 滑坡月际新增数量分布图

2.3.2 崩塌灾害

1. 规模特征

崩塌是四川省较为发育、数量仅次于滑坡的地质灾害类型,总数多达18829处。从规模上看,崩塌规模以小型为主,数量多达16154处,占崩塌总数的98.3%;特大型和大型崩塌规模分别为24处和296处,占崩塌总数的1.57%和0.13%。特大型崩塌分布不均匀,主要分布在阿坝州、凉山州、甘孜州,特大型崩塌统计见表2.4。

表2.4 特大型崩塌统计表

序号	特大型崩塌隐患点名称	地理位置	规模/$10^6 m^3$
1	叠溪镇白蜡村中白腊寨组崩塌	阿坝藏族羌族自治州茂县叠溪镇	4.0
2	清平镇伐木厂三星岩崩塌	德阳市绵竹市清平乡	8.2
3	下火地崩塌(贵台子)	甘孜藏族自治州康定市麦崩乡	2.40
4	沙坝镇小牛儿村小牛儿组三角架崩塌	阿坝藏族羌族自治州茂县沙坝镇	1.00
5	凤仪镇甘青村国际酒店棚洞出口北600m处崩塌	阿坝藏族羌族自治州茂县凤仪镇	1.50

续表

序号	特大型崩塌隐患点名称	地理位置	规模 /10⁶m³
6	淌塘镇老君洞村2、3组石仓崩塌	凉山彝族自治州会东县淌塘镇	21.00
7	叠溪镇白腊村下白腊寨崩塌	阿坝藏族羌族自治州茂县叠溪镇	4.00
8	观英6组崩塌	内江市威远县观英滩镇	1.08
9	南新镇棉簇村1组中寨后山崩塌	阿坝藏族羌族自治州茂县南新镇	2.30
10	叠溪镇白腊村下白腊寨2#崩塌	阿坝藏族羌族自治州茂县叠溪镇	4.00
11	南新镇三场村1组独角门崩塌	阿坝藏族羌族自治州茂县南新镇	1.19
12	叠溪镇白腊村乱石公园崩塌	阿坝藏族羌族自治州茂县叠溪镇	1.22
13	姑咱镇日角村四川民族学院A区崩塌	甘孜藏族自治州康定市姑咱镇	1.00
14	叠溪镇白腊村翠竹沟下游100m崩塌	阿坝藏族羌族自治州茂县叠溪镇	6.16
15	叠溪镇白腊村中白腊寨陈进全房后崩塌	阿坝藏族羌族自治州茂县叠溪镇	2.00
16	新发镇铜厂村4组旱谷田崩塌（乌东德）	凉山彝族自治州会理县新发镇	70.00
17	大保哨组茞却石矿危岩	攀枝花市仁和区大龙潭彝族乡	10.80
18	叠溪镇新磨村新村组指挥中心后山崩塌	阿坝藏族羌族自治州茂县叠溪镇	1.00
19	马颈子集镇后山泥石流、崩塌、滑坡综合灾害	凉山彝族自治州雷波县马颈子乡	7.80
20	荆溪镇四村1组崩塌	南充市顺庆区荆溪镇	2.26
21	西河桥头城门堡崩塌	甘孜藏族自治州丹巴县章谷镇	1.01
22	乌史大桥镇二坪村1、3组崩塌	凉山彝族自治州甘洛县乌史大桥镇	1.44
23	淌塘镇老君洞后山危岩	凉山彝族自治州会东县淌塘镇	3.00
24	姑咱镇干海子移民分散安置点崩塌	甘孜藏族自治州康定市姑咱镇	1.15

2. 空间分布特征

崩塌灾害隐患点在四川省分布极不均匀，主要集中在两个密集区，一个是龙门山断裂沿线密集区，这个区域的崩塌主要受构造作用影响，受地震影响尤为显著，该区域属于地形急变带，崩塌受地形地貌控制显著，密度高达20处/100km²；另一个是内江－资阳沿线密集区，崩塌密度高达41处/100km²，该区域的崩塌多数是因为泥岩差异分化，形成凹腔，然后上覆砂岩卸荷或滑移导致发生崩塌灾害，大多数规模较小。

3. 时间分布特征

统计2000~2021年崩塌发生数据，共有崩塌隐患点17121处。新增数量总体趋势为先增加后降低（图2.3），2008年之前新增数量较少，年新增量均少于200处，2008年新增数量跃迁至1910处，2011~2014年崩塌新增数量仍在增加，随后新增数量降低，2017年有新增数量增加。从崩塌灾害发生时间的统计特征上看，崩塌受"汶川大地震""芦山地震""九寨沟地震"等地震事件的影响较大。

统计18829处崩塌隐患点发生崩塌灾害的月份（图2.4），可以看出，崩塌主要发生在 5～8 月，占比达到 60%，超过崩塌总数的一半；在整个雨季，崩塌的新增数量明显高于其他月份，说明崩塌灾害受降雨影响显著。

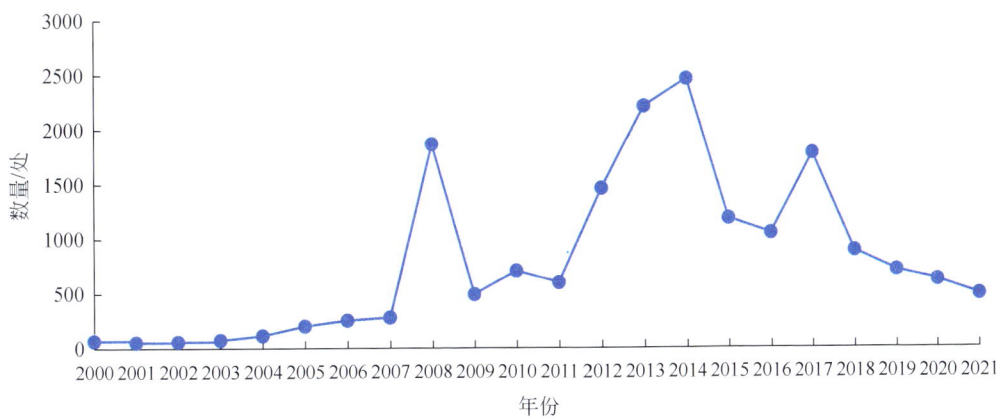

图 2.3　崩塌年际新增数量分布图

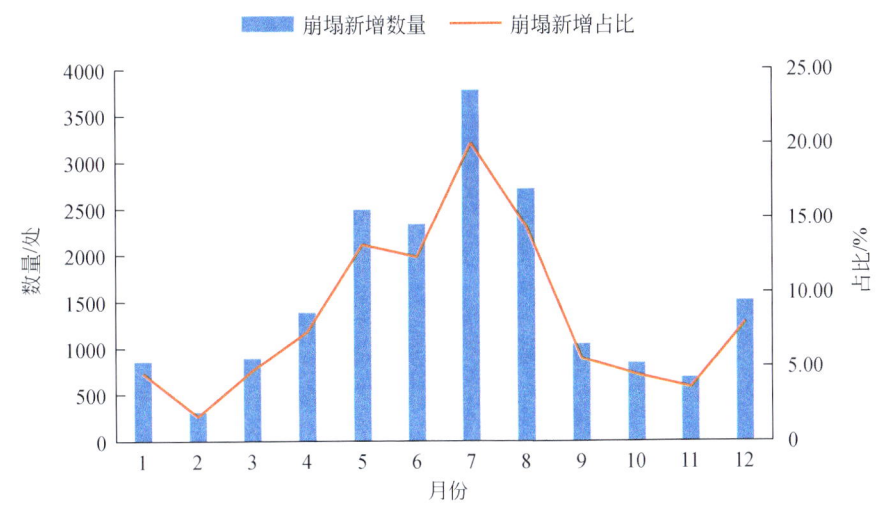

图 2.4　崩塌月际新增数量分布图

2.3.3　泥石流灾害

1. 规模特征

泥石流在四川省的阿坝州、甘孜州、凉山州、绵阳市、雅安市较为发育，全省泥石流发育总数达 8873 处。从规模上看，以中、小型规模为主，包括小型泥石流 6201 处、中型泥石流 2347 处、大型泥石流 244 处、特大型泥石流 81 处，分别占泥石流总数的 69.89%、26.45%、2.75%、0.91%。特大型泥石流统计见表 2.5。

表 2.5　特大型泥石流统计表

序号	特大型泥石流隐患点名称	地理位置
1	甘沟村泥石流	绵阳市安州区高川乡
2	乌斯河镇贾托村5组河沟头泥石流	雅安市汉源县乌斯河镇
3	赤不苏镇赤不苏村赤不苏组云红沟泥石流	阿坝藏族羌族自治州茂县赤不苏镇
4	汶川县映秀镇桃关村沟头组桃关沟泥石流	阿坝藏族羌族自治州汶川县映秀镇
5	朴头镇梭罗沟村上寨组正沟泥石流	阿坝藏族羌族自治州理县朴头镇
6	蚂蟥沟泥石流	宜宾市兴文县大坝苗族乡
7	三岔沟火石沟泥石流	绵阳市安州区高川乡
8	汶川县威州镇七盘沟村3组七盘沟泥石流	阿坝藏族羌族自治州汶川县威州镇
9	黄洞子沟泥石流	绵阳市安州区高川乡
10	小坝镇新建村4组白庙子泥石流	绵阳市北川羌族自治县小坝镇
11	汉旺镇天池村1组花石沟泥石流	德阳市绵竹市汉旺镇
12	郭元乡金字村1组干沟泥石流	阿坝藏族羌族自治州九寨沟县郭元乡
13	毛家沟泥石流	达州市万源市黄钟镇
14	木尔洛泥石流	阿坝藏族羌族自治州马尔康市龙尔甲乡
15	热打乡阿都村俄侬组泥石流	甘孜藏族自治州乡城县热打乡
16	湾坝镇挖金村挖金组猪鼻沟泥石流	甘孜藏族自治州九龙县湾坝镇
17	龙门山镇白水河社区1组牛圈沟泥石流	成都市彭州市龙门山镇
18	泗耳乡泗耳村莫若居泥石流应急治理工程	绵阳市平武县
19	清平镇盐井村1组走马岭泥石流	德阳市绵竹市清平乡
20	乐跃镇跑马村1、3社汪家沟泥石流	凉山彝族自治州德昌县乐跃镇
21	清平镇盐井村2组文家沟泥石流	德阳市绵竹市清平乡
22	朴头镇梭罗沟村中寨组凉台沟泥石流	阿坝藏族羌族自治州理县朴头镇
23	黄钟镇一村2组老林口泥石流	达州市万源市黄钟镇
24	四川省凉山州喜德县巴久乡尔布地村3组泥石流	凉山彝族自治州喜德县巴久乡
25	盖玉镇德来村尼根沟泥石流	甘孜藏族自治州白玉县盖玉镇
26	兴隆镇盐水溪村板厂沟泥石流	甘孜藏族自治州泸定县兴隆镇
27	若水镇牦牛村2、3组瓦维埃河泥石流	凉山彝族自治州冕宁县若水镇
28	双河镇下甘座村2组甘沟泥石流	阿坝藏族羌族自治州九寨沟县双河镇
29	下官寨泥石流	阿坝藏族羌族自治州马尔康市龙尔甲乡
30	朴头镇朴头村甲司口沟泥石流	阿坝藏族羌族自治州理县朴头镇
31	陈家坝镇老场村1组青林沟泥石流	绵阳市北川羌族自治县陈家坝镇
32	热打乡东均村池中组看倒沟泥石流	甘孜藏族自治州乡城县热打乡
33	老鹰岩泥石流	绵阳市安州区高川乡
34	朴头镇梭罗沟村中寨组凉台沟泥石流	阿坝藏族羌族自治州理县朴头镇
35	沐溪镇庙坪村1、3、5组斜口泥石流	乐山市沐川县沐溪镇
36	洼底镇三雅村锅底组茶花沟泥石流	阿坝藏族羌族自治州茂县洼底镇
37	东谷镇柞雅村卡龙沟泥石流（柞雅沟泥石流）	甘孜藏族自治州丹巴县东谷镇
38	蒲溪乡河坝村下组蒲溪泥石流	阿坝藏族羌族自治州理县蒲溪乡
39	丹东镇二瓦槽村独狼沟泥石流	甘孜藏族自治州丹巴县丹东镇
40	汉旺镇群新村白溪河泥石流	德阳市绵竹市汉旺镇
41	杂谷脑镇打色尔村一组打色尔沟泥石流	阿坝藏族羌族自治州理县杂谷脑镇

续表

序号	特大型泥石流隐患点名称	地理位置
42	巴普镇峨普村5组泥石流	凉山彝族自治州美姑县巴普镇
43	朴头镇庄房村2组塔子沟泥石流	阿坝藏族羌族自治州理县朴头镇
44	朴头镇梭罗沟村中寨组梭罗沟磨子沟泥石流	阿坝藏族羌族自治州理县朴头镇
45	高阳街道办河东社区杀叶马村2、3、4组冷渍沟泥石流	凉山彝族自治州冕宁县高阳街道办
46	包包沟泥石流	绵阳市安州区高川乡
47	鲁吉镇坡脚村1组黑水河泥石流	凉山彝族自治州会东县鲁吉镇
48	水磨沟泥石流	绵阳市安州区高川乡
49	汶川县映秀镇枫香树村1组红椿沟泥石流	阿坝藏族羌族自治州汶川县映秀镇
50	陈家坝镇金鼓村1组杨家沟泥石流	绵阳市北川羌族自治县陈家坝镇
51	朴头镇梭罗沟村上寨组牛场沟泥石流	阿坝藏族羌族自治州理县朴头镇
52	党坝乡阿拉伯村1组米洞沟泥石流	阿坝藏族羌族自治州马尔康市党坝乡
53	千佛村5组泥石流	绵阳市安州区千佛镇
54	梅子坪镇甘家沟村1、2、6、7组泥石流	凉山彝族自治州盐源县梅子坪镇
55	白岩山泥石流	绵阳市安州区高川乡
56	南坝镇古龙村桐梓梁泥石流治理工程	绵阳市平武县
57	杂谷脑镇日底村1组日底沟泥石流	阿坝藏族羌族自治州理县杂谷脑镇
58	捧塔乡三家寨村木洼沟泥石流	甘孜藏族自治州康定市捧塔乡
59	九襄镇桃源村1组新河泥石流	雅安市汉源县九襄镇
60	陈家坝镇金鼓村1组杨家沟泥石流	绵阳市北川羌族自治县陈家坝镇
61	东谷镇井备村瓜子沟泥石流	甘孜藏族自治州丹巴县东谷镇
62	大水塘泥石流	广元市青川县石坝乡
63	通化乡通化村营房组铺子沟泥石流	阿坝藏族羌族自治州理县通化乡
64	洼底镇百和村二叉河泥石流	阿坝藏族羌族自治州茂县洼底镇
65	雅拉乡三道桥村三道桥沟泥石流	甘孜藏族自治州康定市雅拉乡
66	底基足卡沟泥石流	阿坝藏族羌族自治州马尔康市松岗镇
67	彝海镇勒帕村1、4组勒帕河泥石流	凉山彝族自治州冕宁县彝海镇
68	理塘县君坝乡俄河村108泥石流	甘孜藏族自治州理塘县君坝镇
69	泸沽镇梳妆台社区4组盐井沟泥石流	凉山彝族自治州冕宁县泸沽镇
70	巴山大峡谷画家沟泥石流	达州市宣汉县三墩土家族乡
71	东谷镇祚雅村莫若沟泥石流	甘孜藏族自治州丹巴县东谷镇
72	赠科乡八垭村泥石流	甘孜藏族自治州白玉县赠科乡
73	泸沽镇孙水关社区瓦勒拉达村瓦勒拉达河泥石流	凉山彝族自治州冕宁县泸沽镇
74	汉旺镇天池村2组小岗剑泥石流	德阳市绵竹市汉旺镇
75	洼底镇沙胡寨村沙胡组苦基沟泥石流	阿坝藏族羌族自治州茂县洼底镇
76	沙坝镇纳呼刁花沟泥石流	阿坝藏族羌族自治州茂县沙坝镇
77	白鹤滩镇六城村5组矮子沟泥石流（沟口）	凉山彝族自治州宁南县白鹤滩镇
78	清溪镇同心村2组阴河沟泥石流	雅安市汉源县清溪镇
79	燕子沟镇跃进坪村南门关沟泥石流	甘孜藏族自治州泸定县燕子沟镇
80	漳扎镇九寨沟景区熊猫海中部左岸泥石流	阿坝藏族羌族自治州九寨沟县漳扎镇
81	清溪镇同心村5组阴河沟泥石流	雅安市汉源县清溪镇

2. 空间分布特征

泥石流在四川省分布不均匀，在川东红层丘陵区不发育，沿省内主要水系呈带状发育。龙门山断裂带、金川－丹巴－小金沿线、安宁河断裂带沿线属于泥石流发育密集区，最高密度达到 17.5 处 /100km^2；九寨沟区、金沙江、雅砻江、大渡河沿线属于次密集区域。

3. 时间分布特征

统计 2000～2021 年泥石流新增数据，共有泥石流隐患点 8115 处。2007 年以前，每年均有泥石流新增，数量较为平稳，在 2008 年、2013 年泥石流新增数量达到峰值，分别为 1910 处、2194 处，受"汶川大地震"和"芦山地震"等地震事件的影响；在 2017 年和 2020 年新增地质灾害点变多，受"九寨沟地震"和 2020 年"8·10 降雨"等事件的影响（图 2.5）。地震造成的山体松动、物源剧增为省内泥石流灾害的发生提供了有利条件。

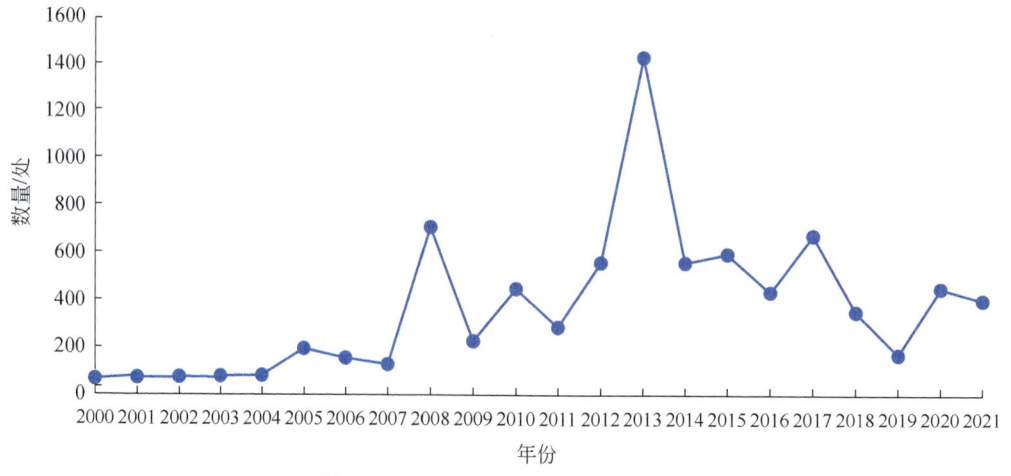

图 2.5　泥石流年际新增数量分布图

统计 8873 处泥石流隐患点发生的月份（图 2.6），可以看出，泥石流主要发生在 7 月、8 月，占比达到 55.2%，超过泥石流隐患点总数的一半；在整个雨季，泥石流的新增数量明显高于其他月份，说明泥石流灾害受降雨影响显著。

2.4　地质灾害分布规律

四川省地质环境条件复杂，地质灾害空间发育受控于地形地貌、地层岩性、地质构造、岩土体类型、降雨、地震等各种因素。从空间分布与发育密度来看，四川省地质灾害隐患

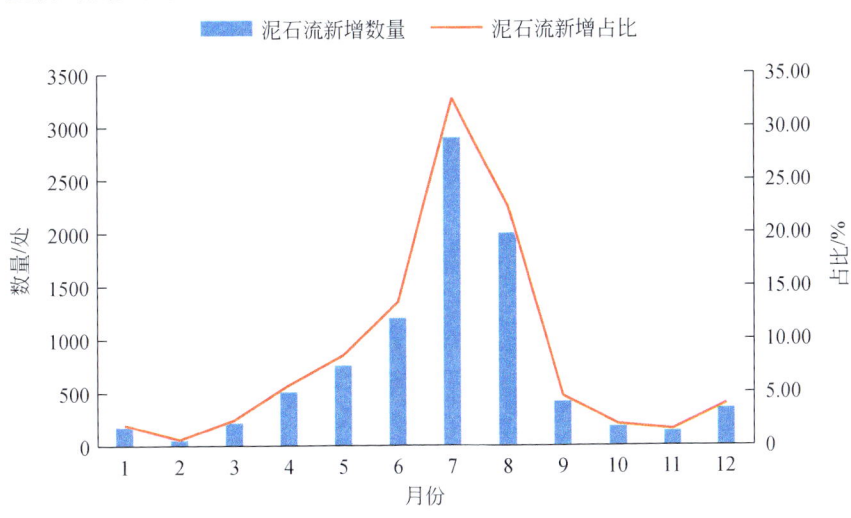

点的分布呈现出点多面广、局部集中的特征。

图 2.6　泥石流月际新增数量分布图

2.4.1　行政区划分布与差异

统计隐患点数据（包括已经销号的隐患点），各市（州）地质灾害数量差异较大，地质灾害主要发育在阿坝州、凉山州、甘孜州、巴中市、广元市、南充市、雅安市等地区，遂宁市、自贡市、广安市、攀枝花市等地区的地质灾害发育较少（表 2.6）。

滑坡灾害主要发育在绵阳市、巴中市、广元市、南充市、成都市、凉山州、德阳市、阿坝州、达州市、甘孜州，绵阳市滑坡总计 6676 处，遂宁市、自贡市、攀枝花市、广安市、资阳市滑坡发育少，资阳市仅有 356 处。

泥石流灾害主要发育在甘孜州、阿坝州、凉山州，其次在绵阳市、雅安市，南充市、遂宁市、自贡市、资阳市等地泥石流不发育。

崩塌灾害主要发育在阿坝州、内江市、南充市、绵阳市、资阳市，阿坝州发育崩塌灾害共计 1829 处，攀枝花市发育最少，仅有 53 处。

表 2.6　地质灾害按照行政单元分布表

编号	市（州）	地质灾害隐患点数量 / 处				地质灾害险情		
		滑坡	泥石流	崩塌	总数	威胁户数	威胁人数	威胁财产 / 万元
1	阿坝州	3427	2397	1829	7653	59338	276475	2089698
2	甘孜州	2545	2742	971	6258	53228	316502	2363890
3	凉山州	4306	1665	370	6341	83426	402138	1493019
4	绵阳市	6676	766	1266	8708	38490	160027	988336

续表

编号	市（州）	地质灾害隐患点数量/处				地质灾害险情		
		滑坡	泥石流	崩塌	总数	威胁户数	威胁人数	威胁财产/万元
5	成都市	4318	261	1341	5920	17637	58624	407665
6	巴中市	6674	39	889	7602	58272	291293	1158943
7	南充市	5222	0	1540	6762	30137	144397	951845
8	广元市	5726	63	999	6788	27620	168226	684767
9	达州市	3134	33	489	3656	38799	159175	598254
10	宜宾市	1468	25	549	2042	16990	76370	388467
11	雅安市	2413	509	846	3768	34492	138071	1093575
12	资阳市	356	0	1536	1892	4600	20261	60997
13	乐山市	1906	68	774	2748	14650	66021	431954
14	内江市	1004	0	1780	2784	13009	51762	240234
15	德阳市	3821	201	654	4676	15100	59716	332861
16	眉山市	1897	7	677	2581	7200	31221	274572
17	广安市	1566	9	774	2349	3004	22721	74638
18	自贡市	636	0	554	1190	4733	18256	106474
19	遂宁市	625	0	566	1191	7222	57965	228031
20	泸州市	2007	20	372	2399	10640	51677	273541
21	攀枝花市	523	68	53	644	8156	45480	217623
	合计	60250	8873	18829	87952	546743	2616378	14459383

2.4.2 地质环境单元分布与差异

四川省地质环境复杂，人类活动强烈。地质灾害发育地点的空间分布受控于地形地貌、地层岩性、地质构造、岩土体类型、降雨、地震和人类工程活动等各种因素。综合考虑下，将四川省地质环境分为10个亚区，分别为川西金沙江东岸高山峡谷区、川西高山高原区、川西中高山峡谷区、川东红层丘陵区、川西南中山峡谷区、川东北米仓山大巴山中山区、川东平行岭谷低山丘陵区、川南低山丘陵区、龙门山中山区和成都平原区。

1. 川西金沙江东岸高山峡谷区

该区域位于金沙江东岸受构造侵蚀的高山峡谷区，属金沙江构造混杂岩带金沙江－哀牢山子系，构造断裂发育，形成南北向高山与峡谷，支沟众多，成羽状排列，河流切割强烈，相对高差大，地层岩性复杂，易形成大型滑坡、泥石流等灾害，尤其是高陡河谷型构造破碎松散体，发生滑坡后易产生灾害链，造成堰塞湖等灾害。

区内地质灾害隐患点共发育 1403 处，其中滑坡 559 处、崩塌 215 处、泥石流 629 处，大型及特大型地质灾害共 54 处。泥石流点密度为 2.78 处/100km²，该区域在全省中属于泥石流较发育区域。

2. 川西高山高原区

川西高山高原区主要分为两部分，一部分是色达－石渠－理塘沿线由浅凹河谷和混圆形丘陵组成的丘陵状高原，属于构造剥蚀丘状高原区；另一部分是红原若尔盖一带的沼泽化平坦高原。区域南部甘孜、道孚、金川、马尔康等断裂发育，切割逐渐加深，形成了自西向东岭谷相间的地貌景观。石渠－理塘沿线主要属于义敦岛弧带，构造线方向近南北向，断裂发育，沿断裂带多出现碎裂岩等变质产物，地质灾害大多在不同地貌单元接触部位发育，主要以滑坡、泥石流为主，区内地质灾害隐患点共发育 2178 处，其中滑坡 858 处、崩塌 160 处、泥石流 1160 处，大型及特大型地质灾害共 27 处。该区域地质灾害发育在全省属于较低水平。

3. 川西中高山峡谷区

该区属于青藏高原的东南翼、地势高亢。整个区域的地貌是深切河谷或向极高山过渡的强烈隆起的山地。区内主要有雅砻江、大渡河等河流。构造上主要是三江地槽褶皱系和松潘－甘孜地槽褶皱系，构造复杂，褶皱、断裂发育，地层出露齐全，地层岩性复杂，变质作用强烈，地质灾害发育，崩塌、滑坡、泥石流共同构成致灾体系。地质灾害主控因素逐渐由地震控制变为降水控制，泥石流灾害问题突出，地质灾害往往呈群发性和链式性。

区内地质灾害隐患点共发育 10475 处，其中滑坡 4659 处、崩塌 2359 处、泥石流 3457 处，大型及特大型地质灾害共 519 处。该地区滑坡、崩塌、泥石流均较为发育，且大型及特大型地质灾害的数量在全省中也属于较多的地区。

4. 川东红层丘陵区

川东红层丘陵区位于四川盆地东北边缘，属于扬子准台地里的四川台拗，地处大巴山弧形构造带与川东平行皱褶带的结合部位，受构造运动程度较强，主要构造有重庆弧形褶皱束、南充台地－凹陷等。区内地层以侏罗系、白垩系为主，岩层缓倾或近水平状，地貌以中低山、低山、丘陵为主。地质灾害以滑坡、崩塌为主，泥石流几乎不发育，规模以小型为主，空间发育相对均匀，岩质滑坡成灾机理以顺层推移式为主，形成机理突出。

区内地质灾害隐患点共发育40349处，其中滑坡29440处、崩塌10885处、泥石流24处，大型及特大型地质灾害共147处。该区域地质灾害隐患点数量明显高于其他区域，滑坡多达29440处，点密度为31.26处/100km²，为全省最高，主要原因是该区域人口分布密集，故地质灾害隐患点数量较多；滑坡、崩塌均较为发育，泥石流几乎不发育，仅有24处。

5. 川西南中山峡谷区

川西南中山峡谷区总体处于川西高原大凉山山原和向四川盆地盆周山地过渡区。地貌主要有大凉山山原地貌和高山峡谷地貌。该区主要位于扬子地层中的上扬子地层区，大部分位于扬子陆块区的二级构造单元中扬子陆块南部的碳酸盐台地，地层岩性出露齐全，较为复杂。新生代以来构造活动强烈，沿断裂发育断陷谷，成为著名的地震带，对该区域影响较大的断裂包括安宁河断裂带、峨边－金阳断裂带、马边－盐津断裂带。地质灾害主要受岩土体结构控制。

地质灾害以滑坡、泥石流为主，区内地质灾害隐患点共发育10055处，其中滑坡6947处、崩塌1085处、泥石2023处，大型及特大型地质灾害共323处。该区域滑坡较为发育，点密度达9.96处/100km²；相比而言，崩塌在该地区发育数量一般，规模上看，崩塌以小型为主，但该区域的大型及特大型地质灾害的数量在全省中属于较多地区。

6. 川东北米仓山大巴山中山区

川东北米仓山大巴山中山区以中低山为主，北高南低，北部山脉多呈北西－南东方向延展，向南逐渐过渡到四川盆地的北部，相对高差达2km。区内降水充沛，河网密集，侵蚀较为严重。在朝天—剑阁一线为龙门山北东向构造带和川北台地－凹陷燕山褶皱区，活动断裂发育，次级褶皱发育，地层岩性复杂。在通江一线为大巴山弧形构造带，并受华蓥山隆褶带的影响，地质灾害主要由西部的构造和东部的岩土体控制，在暴雨等极端天气条件下，易形成滑坡等灾害。地质灾害共发育4563处，其中滑坡3883处、崩塌616处、泥石流64处，大型及特大型地质灾害共57处。滑坡点密度高达23.54处/100km²，属于滑坡发育地区，该地区泥石流发育较少。

7. 川东平行岭谷低山丘陵区

该区域属于盆东侵蚀构造平行岭谷低山丘陵区和川东滑脱褶皱带，地貌类型受构造岩性制约，形成"三山夹两槽"的特殊地形，褶皱发育，地层岩性较复杂，区内主要包含川东平行褶皱系列等构造。区内地层破碎，加上人类工程活动强烈，易造成滑坡等地质灾害，其中滑坡1901处、崩塌342处、泥石流22处，大型及特大型地质灾害共11处。该区域滑坡点密度为22.64处/100km^2，在全省中属于滑坡较发育区域，泥石流在该区域发育极少。

8. 川南低山丘陵区

该区域处于云贵高原北部边缘向川南丘陵延伸地带，地势总体南高北低。从区域构造上看，属于扬子地块西缘。金沙江自南西向北东方向穿越，岭谷高差大。该区域地质灾害以滑坡、崩塌为主，泥石流较少，地质灾害主要受区内岩土体结构控制。区内地质灾害隐患点共发育1600处，其中滑坡1174处、崩塌399处、泥石流27处，大型及特大型地质灾害共10处。该区域滑坡点密度达12.92处/100km^2，在全省属于较高水平。

9. 龙门山中山区

龙门山中山区地处青藏高原东北缘向四川盆地的过渡地带，区内岷山山系大致呈南北走向，海拔差距大，相对高差可达5000m，属于上扬子陆块西缘与松潘－甘孜造山带结合的区域，区内活动断裂发育，地震频发。该区南部处于鲜水河、龙门山和安宁河断裂带交汇部位，构造复杂。整个地质环境区域地质灾害类型齐全，滑坡、崩塌、泥石流共同构成致灾体系，泥石流问题突出。地质灾害空间发育呈现出在构造带聚集的特点，地震后地质灾害数量明显增加，降雨触发灾害的条件显著降低，地质灾害主控因素逐渐由地震控制变为降雨控制，成灾机理复杂，复合型地质灾害和灾害链问题突出。

地质灾害共发育14725处，其中滑坡10537处、崩塌2727处、泥石流1461处，大型及特大型地质灾害共187处，明显高于全省其他地区，滑坡的点密度高达38.93处/100km^2，且泥石流较其他地区明显更为发育，点密度达5.40处/100km^2。

10. 成都平原区

成都平原区位于青藏高原东南侧前缘的第四纪断陷盆地，处于扬子地台西部，属于扬子地台地层单元，它的形成与演化受东、西两侧断裂带的制约，特别是西侧龙门山断裂带。第四系广泛分布，成因类型多样，地质灾害主要发育在龙门山断裂带、龙泉山断裂带等断裂带沿线，以滑坡、崩塌为主，规模以小型为主，平原地区地质灾害几乎不发育。

区内地质灾害隐患点共发育51处，其中滑坡46处、崩塌5处。该区域地质灾害发育数量为全省最少的区域。

2.4.3　重大历史灾害事件

四川地质环境复杂，又处于地震多发带，故地质灾害多发，地质灾害造成四川省大量人员伤亡以及经济财产损失。据统计，2013～2021年，共发生地质灾害灾情8475起，造成人员死亡207人、失踪166人，直接经济损失达84.3247亿元，252864人受灾。梳理新中国成立后重大历史灾害事件如下。

（1）1967年6月雅江县唐古栋发生重大崩塌，约$7000×10^4m^3$土石在5min之内崩塌，落入雅砻江中，形成一长约200m的堆石坝，左岸坝高约355m，右岸坝高约175m，坝内形成一座暂时性水库，蓄水达$6.8×10^8m^3$，回水长达53km。因山崩及溃坝后产生的洪水对下游沿江两岸土地造成强烈侵蚀，进入江河的泥沙量达$1×10^8m^3$。

（2）1976年8月16日，在四川省北部阿坝藏族自治州松潘县与平武县之间发生7.2级强烈地震。8月22日和23日又先后发生6.7级和7.2级强烈地震。震后连降暴雨，引发了大规模灾害性的山崩、塌石、泥石流等地质灾害，松潘、平武、茂汶、南坪4县耕地被毁十几万公顷，粮食损失达$500×10^4kg$，牲畜损失2800余头，房屋倒塌5000余间，损坏桥梁30多处、涵洞200多座，人员伤亡800余人，造成直接经济损失达1000万元。

（3）1981年6月下旬至9月中旬，四川遭受特大暴雨袭击，不仅形成特大洪灾，而且造成新中国成立以来少有的暴雨型泥石流、滑坡、崩塌等地质灾害。在凉山、甘孜、阿坝、雅安、温江、绵阳、南充、达县和攀枝花等共计50多个县（市、州）发生暴雨型泥石流。全省18个县（市、州）发生约60000处滑坡、崩塌。1981年7月9日，大渡河支流利子依达沟爆发泥石流，长利子依达大桥被冲毁，致使由格里坪开往成都的442次直快旅客列车发生事故，造成275人死亡或失踪。

（4）1989年7月26日南关沟林线以上，由于天气转暖，残留冰川消融，巨厚冰碛层经冰雪融水和侵蚀切割，形成"V"形沟槽。加之雨季大量雨水下渗，使土体饱和，降雨和高山积雪融水的径流汇合，冲刷冰碛层，使沟床再度下切，岸坡失稳，产生众多滑坡、崩塌，使沟道堵塞，最终堵塞大渡河，冲毁泸定至石棉的公路约820m，断道9个多月。

（5）1989年7月10日发生华蓥溪口滑坡，规模达$120×10^4m^3$，迅速转化为碎屑流，在1min内高速运移达1.3km，造成了221人死亡。

（6）2003年7月12日，丹巴县巴底乡邛山沟发生特大山洪泥石流灾害，造成51人死亡或失踪。

（7）2008年5月12日，四川汶川地区发生8.0级特大地震，严重破坏地区超过$10\times10^4km^2$，其中，极重灾区共10个县（市、州），较重灾区共41个县（市、州），一般灾区共186个县（市、州）。截至2008年9月18日12时，汶川特大地震共造成69227人死亡、374643人受伤、17923人失踪。

（8）2009年7月23日，发生在康定县舍联乡干沟村响水沟的特大型泥石流灾害，造成了54人死亡（或失踪）。

（9）2010年，经受了历史罕见的多次强降雨袭击，四川省全省有14个市（州）、67个县（市、州）的576万人受灾，因灾死亡人数为16人，失踪66人，全省因灾直接经济损失达68.9亿元。

（10）2013年4月20日，芦山县发生7.0级地震。芦山县龙门乡99%以上的房屋垮塌。截至2013年4月24日10时，共发生余震4045次，3级以上余震103次，震级最大的余震可达5.7级。受灾人口达152万人，受灾面积达$12500km^2$。截至2013年4月24日14时30分，庐山地震累计造成196人死亡、11470人受伤、21人失踪。

（11）2013年7月10日，都江堰发生泥石流，截至7月13日19时，灾害已造成43人遇难，登记的失踪和失去联系人员共计118人。2013年"7·9"特大暴雨洪灾造成四川省全省58人死亡、175人失踪，倒塌房屋1.34万间，累计346.89万人受灾，造成直接经济损失达201.9亿元。

（12）2017年6月24日6时许，四川省茂县叠溪镇新磨村新村组后山约$450\times10^4m^3$的山体发生顺层高位滑动，导致10人死亡和73人失踪。

（13）2017年8月8日，四川省凉山州普格县荞窝镇耿底村突发泥石流灾害，灾害造成25人死亡、5人受伤。

（14）2017年8月8日九寨沟发生地震，截至2017年8月13日20时，地震造成25人死亡、525人受伤、6人失踪，176492人（含游客）受灾，73671间房屋不同程度受损（其中倒塌76间）。

（15）2018年10月10日、11月3日，四川省甘孜藏族自治州白玉县与西藏自治区昌都市江达县交界处发生滑坡，滑坡体堵塞金沙江干流河道，形成堰塞湖。2018年11月11日9时，堰塞湖水位累计上涨57.44m，推算堰塞湖蓄水量约为$4.69\times10^8m^3$。截至11月10日，受堰塞湖潜在威胁影响的3县、11乡共转移25282人。

（16）2020年6月7日，四川省甘孜州丹巴县半扇门镇梅龙沟发生泥石流灾害，小金川河被阻塞形成了蓄水量约 $100\times10^4\mathrm{m}^3$ 的堰塞湖，并发生溃坝漫流，致使当地房屋、交通、电力、通信等设施遭受不同程度的破坏，在堰塞湖险情威胁下，下游 6 个乡镇、17 个村、4 所学校、3 所卫生院、2 座寺庙的 2 万余人被迫疏散安置。

（17）2021 年 7 月 5 日，四川省凉山州木里县项脚乡发生泥石流灾害，造成直接经济损失 1653.3 万元，其中倒塌房屋 9 户、63 间，严重损坏房屋 15 户、102 间，一般损坏房屋 7 户、23 间。因实施"三避让"原则，提前转移受威胁群众，避免了 20 户、118 人（不含河道防洪工程施工人员 102 人）因灾伤亡，实现了成功避险。

3 强震山区地质灾害治理工程特点

3.1　防治工程整体情况

在"汶川大地震"后,四川省持续开展了重大滑坡的勘查与整治工作,截至2013年,仅四川省省级财政就筹措了超过50亿元资金用以保障重大地质灾害治理工程的实施,加快推进地质灾害调查评价、监测预警、工程防治和应急体系建设。初步统计,2008～2012年,四川省国土资源厅共组织实施了近2700项重大地质灾害治理工程和3151项应急排危除险工程,对受地质灾害威胁的94162户分散农户实施了避险搬迁安置措施。这些工程获得了良好的社会效益和经济效益,如全国著名的丹巴县建设街滑坡治理工程、宣汉县天台乡滑坡治理工程等。

2014年至今,在四川省项目管理库里共计有3302处工程,其中特大型项目共计50处,而任务时间在2018～2022年期间的项目的共计19处,几乎全部为泥石流和滑坡灾害工程治理项目,略微涉及崩塌危岩治理工作,因此治理工程分析与总结主要针对滑坡和泥石流。

3.2　防治工程技术与经验

3.2.1　常用滑坡治理工程措施

目前,国内常用的防治滑坡的工程措施如表3.1所示,包括了绕避措施、排水、力学平衡和滑带土改良等方法。这些针对滑坡的防治措施在四川省都有应用实例。以搬迁避让为例,仅2008～2012年,四川省省厅组织对受地质灾害威胁的94162户分散农户实施了避险搬迁安置措施。滑带土改良的方法以实验性质的居多,地下排水工程也应用较少。四川省滑坡治理中较为常用的工程手段主要是地表排水及支挡工程,如挡土墙、抗滑桩、锚索等。对常用的治理措施的简要介绍如下。

表 3.1　防治滑坡的工程措施

绕避滑坡	排水	力学平衡	滑带土改良
改移线路	1 地表排水系统	1 减重工程	滑带注浆
用隧道避开滑坡	（1）滑坡体外截水沟	2 反压工程	滑带爆破
用桥跨越滑坡	（2）滑坡体内排水沟	3 支挡工程	旋喷桩
清除滑坡	（3）自然沟防渗	（1）抗滑挡墙	石灰桩
搬迁避让	2 地下排水系统	（2）挖孔抗滑桩	石灰砂桩

续表

绕避滑坡	排水	力学平衡	滑带土改良
	（1）截水盲沟	（3）钻孔抗滑桩	焙烧
	（2）盲沟（隧洞）	（4）锚索抗滑桩	
	（3）水平钻孔群排水	（5）锚索	
	（4）垂直钻孔群排水	（6）支撑盲沟	
	（5）井群抽水	（7）抗滑键	
	（6）虹吸排水	（8）排架桩	
	（7）支撑盲沟	（9）钢架桩	
	（8）边坡渗沟	（10）钢架锚索桩	
	（9）洞-孔联合排水	（11）微型桩群	
	（10）井-孔联合排水		

3.2.2 滑坡工程治理方法分类

1. 抗滑桩

抗滑桩主要适用于滑坡体中有一个明显的滑动剪切面且滑动剪切面以下是较完整的基岩，或者是密实的稳定基础的情况，稳定基础能为抗滑桩提供足够的锚固力。其主要优点是可处治深层滑坡，尤其是地形较缓的情况，抗滑桩较锚索更为经济适用；主要缺点是费用高、时间长，当地形较陡时不如锚索经济适用。就桩的埋置情况和受力状态而言，抗滑桩工程主要可以分为悬臂式和全埋式两种。按桩身的变形情况，可分为刚性桩和弹性桩两种，前者的相对刚度视为无穷大，其水平方向的极限承受能力和变位大小只取决于土的性质和可抗力大小；后者则应同时考虑桩身的变形。由截面形式，抗滑桩可分为方桩与圆桩（图3.1）。

(a) 方桩　　　　　　　　　　　　　(b) 圆桩

图 3.1 滑坡抗滑桩的方桩（较为常见）和圆桩（滑坡治理中较少）

2. 挡土墙

挡土墙是在滑坡坡底、坡脚修建的一种挡土结构（图3.2），常用砌石、混凝土和钢筋混凝土结构，临时性加固时也可采用木笼挡土墙、钢筋笼挡土墙，修建挡土墙能适当提高滑坡的整体安全性，更可有效防止坡脚发生局部崩坍，以免不断恶化边坡条件，但对于大型滑坡，由于受到工程量、高度、自身稳定性的限制，挡土墙工程对滑坡体的安全系数往往提高不大。

（1）挡土墙的适用性和优缺点。挡土墙是一种古老而常用的支撑建筑物。在滑坡治理工程中，挡土墙由于受到自身结构稳定性的限制，不大可能有效提高滑坡体的抗滑稳定安全系数，对于大型滑坡尤其如此。因此，挡土墙只能适用于基岩埋藏浅、滑动面浅的浅层滑坡，在大、中型滑坡治理工程中，挡土墙往往只能作为综合治理措施的一个组成部分。其优点为施工较快、造价低；其缺点为挡土墙基础埋深有限，不适用于深层滑坡。

（2）挡土墙施工时应注意的问题。①避免墙基的开挖影响滑坡稳定，开挖应安排在旱季进行，从滑坡体两侧向中间分段、跳槽、支撑开挖，防止滑坡前缘出现大断面临空。②保证挡土墙的施工质量，据调查，挡土墙失效的众多事例中，超过50%是由于施工质量不好，挡土墙结构受力不满足要求而被破坏。

(a) 重力式挡土墙 　　(b) 扶壁式挡土墙

图3.2　不同类型的挡土墙

3. 截水、排水措施

"治坡先治水"的治坡理念包括将地表水引出滑动区外的地表排水和降低地下水位的地下排水，是滑坡（边坡）治理中必不可少的环节。地表排水以其技术上简单易行、加固效果好、工程造价低且应用范围广为优势。几乎所有滑坡治理工程都包括地表排水工程，

常以截水沟、排水沟等形式出现（图3.3）。地下排水能大大降低孔隙水压力，增加有效正应力，从而提高抗滑力，尤其是针对大型滑坡的治理工程，深部大规模的排水体系建设往往作为治理措施的首选。近年来在这方面有较大进展，垂直排水钻孔与深部水平排水廊道（隧洞）相结合的排水体系得到较广泛的应用，地下排水工程常以泄水通道、盲沟等形式出现。某些大型滑坡治理过程中将地表排水系统与地下排水系统结合起来，形成立体排水网络，使滑坡治水效果更加明显。

(a) 混凝土排水沟　　　　(b) 浆砌块石截水沟

图3.3　不同类型的截水沟和排水沟

（1）截水、排水措施的适用性及优缺点。该措施适用于地表水、地下水较多，附近居民、农田用水对地表水和地下水依赖不大的情况。其优点为在地表水、地下水丰富时效果明显；其缺点为可能影响附近居民、农田用水。

（2）截水、排水措施的主要形式及应注意的问题。该措施的主要形式有地表截水沟、排水沟（明沟、暗沟）、地下疏干排水孔等形式。设置截水、排水措施应注意：对于滑坡界限比较固定和牵引范围不大的滑坡，在滑坡范围以外的地表截水、排水工程可一次做成永久性的；在滑坡范围内的地表排水工程，应视具体情况而定；当滑坡一直处于不稳定状态时，应做成临时性的，少投资，及时维修，起到临时排水的作用，达到不使滑坡因地表水下渗而恶化的目的即可，可待滑坡稳定或基本稳定之后再做成永久性的排水工程。当滑坡在旱季处于暂时稳定状态时，预计在雨季来临之前可做成部分抗滑工程；稳住滑坡后做成永久性的，这对于减轻刚刚做成的部分抗滑工程的负担是非常重要的。

4. 锚索（锚杆）格构梁

格构加固技术是利用浆砌块石、现浇钢筋混凝土或预制预应力混凝土进行边坡坡面防护，并利用锚杆或锚索加以固定的一种边坡加固技术（图3.4、图3.5）。格构的主要作用是将边坡坡体的剩余下滑力或土压力、岩石压力分配给格构结点处的锚杆或锚索，然后通

图 3.4　锚索钢筋混凝土矩形格构　　　　图 3.5　锚索钢筋混凝土矩形格构

过锚索传递给稳定地层，从而使边坡坡体在由锚杆或锚索提供的锚固力的作用下处于稳定状态。因此就格构本身来讲，它仅仅是一种传力结构，而加固结构的抗滑力主要由格构结点处的锚杆或锚索提供，它包含了格构本身和锚杆（索）两个部分。边坡格构加固技术具有布置灵活、格构形式多样、截面调整方便、与坡面密贴、可随坡就势等显著优点。并且框格内视情况可通过挂网（钢筋网、铁丝网或土工网）、植草、喷射混凝土进行防护，也可用现浇混凝土（钢筋混凝土或素混凝土）板进行加固。

锚杆格构梁适用于地形较陡，横向基岩不深的中浅层滑坡。其优点是施工较快，造价低，可处治中层滑坡；其缺点是锚杆长度一般在 20m 之内，不适用于深层滑坡。根据边坡不同的破坏模式的典型锚杆安设区域与方位不同，对于边坡锚固的实际工程应根据具体情况，依据锚固机理分析，合理布置锚杆。

5. 削方减载与填土反压

削方减载主要是消减推动滑坡产生的物质和增加阻止滑坡产生的物质，即通常所谓的"砍头压脚"，或减缓边坡的总坡度（图 3.6）。这种方法在技术上简单易行且加固效果好，所以应用广泛且历史悠久，特别适宜于滑面深埋的滑坡。整治效果则主要取决于消减和堆填的位置是否得当，其使用受到场地条件、坡体岩性的限制较明显，目前使用很普遍，但研究相对较少，通常作为滑坡治理方案中的辅助措施。需要特别提醒的是，运用该法要谨慎，如削方减载措施一般仅适用于推移式滑坡。

（1）削方减载的适用性及优缺点。削方减载措施特别适用于上陡（重）下缓（轻）的推动式滑坡，且滑坡后缘及两侧有明显的边界，或者有岩体出露而不易受到牵引变

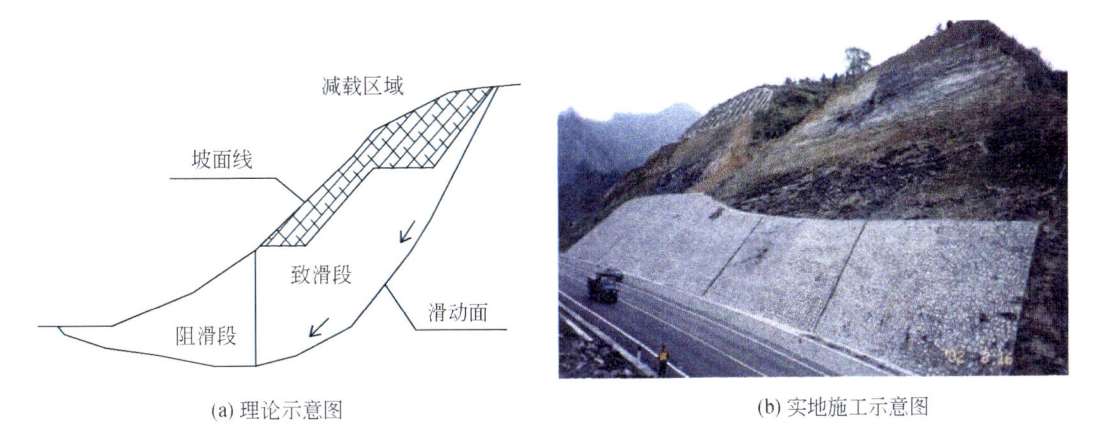

(a) 理论示意图　　　　　　　　　(b) 实地施工示意图

图 3.6　消方减载理论示意图和实地施工示意图

形的滑坡治理，对改善滑坡的稳定性、提高安全系数有着非常明显的效果（图 3.7）。特别对于滑动土体厚度大于 30m 的厚重型滑坡，通过削方减载较容易实现安全系数的提高。

削方减载的优点为比较经济、施工相对较快；其主要缺点为开挖扰动对环境有负面作用，以及在应力释放及地下水朝开挖面溢出产生渗压力等因素作用下容易导致周边土体被牵动而产生新的变形体。

（2）填土反压的适用性及优缺点。填土反压适用于滑坡前缘有足以抵抗滑坡下滑力的有利地形，如"V"形沟谷等，且滑坡前缘地表水水量不大的中浅层滑坡（图 3.8）。其优点是能较好地处置挖方、废方，在地形有利时较经济；其缺点是对地形、水系要求较严格，并要求有充足的废方，有时会占用耕地和农田，反压高度有限，一般不适用于深层滑坡处治。

图 3.7　推移式滑坡后方削方减载 　　　图 3.8　丹巴建设后街滑坡填土反压应急处理

滑坡体后部削方减载的弃土，或者其他建筑物开挖的弃渣，如果土质较好，可利用

弃土、弃渣在滑坡前缘填土反压。统计分析表明，如果将滑坡体上部（滑动区）的体积减重4%，同时等量反压回填到坡脚（阻滑区），可使滑坡体的稳定安全系数增加10%，所以在滑坡的处治过程中，削方减载与填土反压往往是结合起来同时进行的。

3.2.3 常用泥石流治理工程措施

经过多年的工程实践，泥石流治理工程措施针对不同部位总体有如下类型。

（1）形成区控制物源的抗滑固坡工程（挡土墙、抗滑桩、锚固）、坡面水土保持工程（生物工程）和控制水体工程（截水沟、排水沟、泄洪洞）。

（2）流通区控制泥石流的拦沙工程（拦沙坝）和固床护坡工程（谷坊、潜槛、防冲肋、防护墙）。

（3）堆积区结合保护对象的防治工程（防护堤）、排导工程（排导槽）、停淤工程（停淤场）、过流工程（明洞、渡槽）等。

以拦沙坝为代表的拦沙工程、以潜槛群为代表的固床工程、以排导槽为代表的排导工程、以停淤场为代表的停淤工程的4类措施是最为常用的。同时，对泥石流的治理，也往往是"拦、固、排、停"4类措施的各自组合运用，以达到综合治理的防灾目的。

1. 拦沙工程

拦沙工程是控制泥石流土体的关键工程，除直接拦沙外，还有滞流、减速、削峰、减小容重和粒径的作用，同时拦沙工程回淤抬高侵蚀基准面还具有防止沟床揭底与侧蚀、支撑岸坡崩塌体、抑制支沟泥石流发育的作用。拦沙坝一般有实体坝、缝隙坝两种类型。

1）实体坝

拦沙坝和谷坊群均为实体坝。拦沙坝的功能以拦沙为主，较高大，一般适用于沟道中上游或下游没有排导、停淤的地形条件而又必须控制上游产沙的沟谷，要求具备较大的库容和狭窄的坝址等一定的筑坝地形。

谷坊群由多座谷坊坝组合成群，前谷坊回淤直至后谷坊脚，较低矮，功能以回淤压脚、防冲刷揭底为主，多用于纵坡陡、岸坡散布崩塌体的沟段。当需要对崩滑体回淤压脚使之稳定时，亦可采用拦沙坝或谷坊群。

由于汶川大地震灾区泥石流沟道松散物源总量丰富，在震后首次实施的拦沙坝工程中，考虑坝体稳定性，绝大部分的有效坝高均被设计为5～8m，只有极少数设计到10m。经过 2010 年以后的数次特大泥石流治理工程实践，中坝（有效坝高 10 至 15m）、高坝（有效坝高大于 15m）被普遍采用，如汶川县七盘沟、磨子沟和宝兴县冷木沟都修建了有效坝高达 20～25m 的高坝（图 3.9），上述各坝均是国际上最高的拦沙坝之一，实施效果非常好。

图 3.9　都汶高速沿线磨子沟泥石流治理的高拦沙坝（有效坝高 22m）

2）缝隙坝

缝隙坝为拦粗排细的透过式坝（图 3.10），主要适用于大块石较多的稀性泥石流且主河输沙能力较低、输沙粒径较小的情况，也可用于与山洪相间的黏性泥石流沟，有格栅坝、梳齿坝、钢绳网坝等多种类型。对于中高频泥石流，考虑到拦截一定次数的泥石流后，坝的缝隙被堵塞的可能性较大，难以继续发挥作用，应慎重使用。

2. 固床工程

潜槛为防止沟道下切、侧蚀的固床工程，常多道成群布设。当沟床建筑物与沟底高差不大时，筑坝回淤工程中的拦沙坝会被掩埋；或者当沟床纵坡陡，兴建谷坊群回淤工程的固床效果有限时，为防止沟床中堆积物被冲刷揭底，侧蚀岸坡增大泥石流规模，在可能揭底的沟段修建高度不大的潜槛群，可以达到降低沟床纵坡坡度、减势防冲的目的。此外，也可以在沟道凹岸设置潜槛以控制侧蚀，在沟道缩窄段设置潜槛以调节流速，在拦沙坝或较高副坝下冲刷坑外设潜槛回淤。潜槛以顶面略高于沟底面但潜入沟水面下而得名，可分

图 3.10　宝兴县城冷木沟泥石流治理的缝隙坝（有效坝高 25m）

为形如门槛的肋槛和形如微型坝的潜坝。

1）肋槛

肋槛群多布设在纵坡较陡的已下切或可能下切的沟段，形如胸肋状（图 3.11）。下游面较高、肋下冲刷较深时，肋间可用大块岩石铺填以达到防冲的目的。肋槛可与沟岸防护工程配套使用，以防止护岸工程的基础被掏蚀。肋槛的截面呈矩形。一般间距 10m 左右，可根据纵坡陡缓而确定肋槛的间距，原则上纵坡陡则间距密而高度高，纵坡缓则间距稀而高度低。一般情况下肋槛用浆砌石或素混凝土砌筑，运料困难时可用宾格石笼替代。

2）潜坝

对纵坡坡度较缓但沟道水流流速大的沟段，可设置潜坝群以回淤固床。对骨干性肋槛，如肋槛群的最末一道，也可用潜坝。潜坝结构就像微型谷坊坝，上游侧高出沟床 1.0~1.5m，下游侧一般嵌入沟床 1.5~2.5m，全高 2.5~4.0m。可设溢流口与泄水孔。潜坝间距应比肋槛大，一般为 10~25m。

3. 排导工程

拦、排结合的治理工程中，对沟道两侧有保护对象、沟道过流能力不足或避免淤积而需加大排泄能力的沟段，可以设置排导槽以排输泥石流（图 3.12）。排导槽的主

3　强震山区地质灾害治理工程特点

图 3.11　都汶高速沿线磨子沟泥石流沟道纵坡下切段设置的肋槛群

图 3.12　都汶高速沿线七盘沟泥石流沟口排导槽

要作用：一是利用泥石流自身的力量提高或改善流通区和堆积扇上流路的工作条件；提高自然或人为情况下沟槽的搬运能力，增大输沙粒径；二是控制灾害的位置，将可能堆积在生产生活设施附近，且危及安全的泥沙排导到远离被防护区域的适当地段；三是保持沟道排泄形态，防止沟道两侧及底部进一步变形、破坏；四是调整或设定泥石流的运动方向。

依据排导槽的槽底结构形式可将排导槽分为无固底工程的软底槽、槽底布设防冲肋槛的肋底槽、槽底全铺砌的平底槽、既铺底又设置肋槛的防冲槽以及进一步加大流速的"V"形槽。

1）软底槽

一般用于流速较小、沟道较宽、冲刷深度不深但又满足过流要求的沟道，不铺底。

2）肋底槽

对于流速稍大、冲刷较深、边堤埋深较大的沟道，可以在槽底间隔布设防冲肋槛。肋槛具有防冲减势的作用，为防止肋下冲蚀，常用大块岩石堆在肋下作为肋底槽。

3）平底槽

对于不铺底就会出现过流能力不足、需要用圬工铺底以降低糙率从而加大流速的沟道，或者冲刷深度较大、从经济或施工条件出发而使用圬工铺底防冲的沟道，均可选用平底槽。

4）防冲槽

当不铺底则过流能力不足，铺底又会出现流速过大而超出容许流速的情况，就应该既铺底又加糙。可以用浆砌石修建防冲槽，甚至在铺底的基础上再加设横肋或台阶防冲。

5）"V"形槽

对于纵坡过缓、铺底后过流能力仍不足的地区，一般是在山前区或堆积扇上，可以把平底槽改为尖底槽，即"V"形槽，以进一步加大流速。

4. 停淤工程

当拦沙工程受限、主河道纳沙能力不足时，可考虑增设沟口停淤工程：即在有条件的开阔地带，圈定一定范围建造有进、出口的半封闭区域形成人工停淤场，通过缓流、散流作用使大量泥石流在人工停淤场停淤，达到削减泥石流强度和规模的作用，且兼顾土地整理的需求（图3.13）。停淤工程的设置要尽量避免围圈泥石流主沟道，在无次生灾害时才考虑将堆积扇设置为天然停淤场。要在引流口设置拦挡坝及导流堤，将泥石流引入沟侧的停淤场。拦淤堤除溢流段和必要的正冲段可用圬工外，一般设为土质堤并可多级设置，必要时可用圬工护面。拦淤堤设溢流口排水，溢流口下接集流沟，使低浓度水体可以排入主沟或主河。有可能时还可考虑对停淤区进行临时性开发利用。

图 3.13　绵竹小岗剑泥石流沟口停淤场

4 典型地质灾害治理工程案例分析

4.1 案例1：先锋村滑坡治理工程

4.1.1 隐患点概况

先锋村滑坡位于雅安市宝兴县陇东镇先锋村1、2、3组及老场村1组，滑坡中心点距离陇东镇1100m左右。先锋村滑坡是一个特大型的深厚层崩坡积土质的古滑坡，面积约1.77km，主滑向为98°，滑坡前缘高程约1177m，后缘高程约1758m，相对高差达581m，目前坡体总体坡度为10°～40°，平均坡度约22°，平均厚度为50m，整个先锋村滑坡体规模约$8850\times10^4m^3$。受"5·12"汶川地震和"4·20"芦山地震这两次大地震的影响，古滑坡体局部复活并形成5个次级滑坡体，直接威胁先锋村和老场村253户、1003人。

先锋村滑坡的分布范围广，滑坡体上共分布6个次级滑坡体，如图4.1所示，次级滑坡体编号分别为1#、2#、3#、4#、5#、6#。

图4.1 先锋村滑坡及次级滑坡体分布位置图

4.1.2 工程概况

治理方案：以"抗滑桩+桩板墙+人工挖孔桩+截水沟和排水沟+挡墙"综合治理的方式进行滑坡体治理。在古滑坡前缘设置护岸堤和整体监测预警；2#次级滑坡前缘布设A型抗滑桩板墙、防冲肋槛、截水沟和排水沟；4#次级滑坡前缘开展Z型抗滑桩板墙、土方回填、格构锚固工程、D 型抗滑桩、3 段挡土墙和排水沟修复工程；1# 次级滑坡设 A 型抗滑桩；3# 次级滑坡设 E 段挡土墙；6# 次级滑坡设 D 段抗滑挡土墙。

宝兴县陇东镇先锋村滑坡综合治理工程施工项目于 2019 年 10 月 14 日正式开工，截至 2020 年 8 月 23 日已完成原设计抗滑桩 111 根。其中 1# 滑坡体中布设 A 型抗滑桩共 12 根，桩长为 14m，截面尺寸为 1.5m×1.8m；2# 滑坡体中布设 A 型抗滑桩共 69 根，桩长为 18m，桩径为 2.6m，设置防冲挑流坎共 69 道，桩间修建长度为 340m 的 68 板挡土板；3# 滑坡修建挡土墙，长约 45m；4# 滑坡布设 D 型抗滑桩共 8 根，桩长为 17m，截面尺寸为 1.5m×2m，另布设 Z 型抗滑桩共 22 根，桩长为 20m，桩径为 2m，桩间修建长度为 105m 的 22 板[①]挡土板，挡土墙 15m；6# 滑坡修建长度为 70m 的挡土墙。沿西河修建护岸堤，完成长度为 1044m，其中 A 段护岸堤长约 502m，B 段护岸堤长约 430m，C 段护岸堤长约 112m，D 段护岸堤长约 132m，E 段护岸堤长约 103m。治理工程实施前灾点的变形特征和治理后的效果分别如图 4.2 和图 4.3 所示。

图 4.2 治理前灾点变形特征

图 4.3 治理后工程效果图

---

① 22 板指厚度为 22mm 的板材。

4.1.3 滑坡成因机理分析

1. 形成条件分析

1）强烈的地质构造作用

宝兴县地处特大型青藏滇缅印尼"歹"字形构造体系中部与龙门山北东向构造带相结合的部位，地质构造复杂，褶皱断裂发育。滑坡区位于龙门山断裂带南段，宝兴背斜核部；附近有茂汶断裂（赶羊沟断裂）、映秀断裂（五龙断裂和盐井断裂）和小关子断裂。赶羊沟断裂和五龙断裂经陇东镇穿过先锋村2#次级滑坡前缘直达4#次级滑坡，后转为北东向远离滑坡区。

据现场调查，滑坡体后缘基岩陡壁出露断层构造角砾岩，多处地表岩体和钻孔显示，岩体遭受揉皱、挤压作用明显，岩体十分破碎，碳质页岩呈碎裂和薄层状，泥质灰岩则呈短柱状。强烈的构造作用为滑坡形成提供了早期内部营力，碎裂岩体，尤其是碳质页岩结构遭受破坏后更容易崩解、软化，从而形成软弱带。

2）软硬相间的物质组成及松散的坡体结构

工作区内海拔在1400m以上地段基岩岩性主要为轻度变质泥质灰岩、白云岩，夹灰黑色碳质页岩和乳白色石英岩脉，岩体结构完整度较高，岩层倾向为230°～340°，倾角变化较大，多为20°～50°。工作区内西河河床至海拔1400m地段基岩岩性主要为灰黑色碳质页岩，夹灰色泥质灰岩和乳白色石英岩脉，岩体结构完整度较低，碳质页岩多呈薄层状构造，手捏易散，遇水易风化，岩层倾向与上段基本一致，倾角变化大，为15°～70°。

滑坡的滑体物质组成主要为岩体崩落堆积形成的大块石、碎石、角砾等堆积物经堆积、风化形成。块状碎石的岩性主要为泥质灰岩、碳质页岩和石英岩，经过风化、地下水软化后，碳质页岩呈薄片状、泥状，强度较低，极易形成软弱面，多个钻孔揭露的软弱夹层即是由碳质页岩风化、软化后形成的含角砾粉土、含角砾粉质黏土和角砾等。

整个滑坡坡体的形成主要是后缘陡峭山坡岩体崩落堆积所致，巨石、大块岩石等堆积物之间接触面积小、空隙大，多有架空现象，后被碎石、角砾及粉质黏土填充。松散的岩土体结构为后期降水进入地下提供了有利的入渗通道，岩土体在地下水作用下进一步崩解、软化和泥化，从而形成潜在滑面，为滑坡的形成提供了物质基础。

3）地下水作用

根据本次调查，古滑坡范围内共分布27处泉水，该类泉水属于第四系松散堆积层中的孔隙水，主要赋存于碎石土层中，由于滑坡体碎石土结构松散（多具架空结构），透水性好，泉水的补给主要来自于降水入渗和地表生活用水入渗，主要沿角砾和含角砾粉质黏土等相对隔水的土层顶面贮集运移，形成潜水或上层滞水，最终以季节性泉水的形式在滑坡前缘地带出露成泉。

2008年"5·12"汶川地震前还有其他不同部位泉水出露，地震后泉水消失，表明原有隔水底板被地震活动震松、破坏，类似的情况见于"4·20"芦山地震前后的GHP-Q06，同时所有泉水流量均随季节变化明显，枯水季节流量明显减少甚至干涸，在遇到短时暴雨情况下有泉水出现流量突增现象，均表明先锋村滑坡体上地下水类型以潜水或上层滞水为主，缺乏统一稳定的地下水位。

地下水对滑坡形成及发展有着至关重要的作用，主要体现在两方面。一方面，在斜坡形成之初，受到强烈构造作用的岩体与地下水接触，会发生物理作用（包括润滑、软化和渗透作用、结合水的强化作用等）、化学作用（离子交换、溶解、水化、水解、溶蚀、氧化还原、沉淀以及泥化作用等），尤其是在碳质页岩中，亲水性和膨胀性黏土矿物高岭石、伊利石和蒙脱石的含量较高，与地下水作用后发生离子交换作用，使得页岩发生软化、崩解及泥化，演化成潜在滑带土。另一方面，已经形成的滑带土与地下水长期作用，其强度也会衰减，从而影响斜坡的稳定性。结合先锋村滑坡地下水类型及补、径、排特征，地下水对滑坡体局部地段的作用相较于对整体滑面的作用更大。

4）良好的临空面

古滑坡经过多次不同时期的下挫和西河长期的河岸冲刷作用后，目前在前缘形成了连续的陡坡地貌，平均坡度达 25°～30°，陡坡普遍高 50～60m，为滑坡的发生提供了很好的临空条件。

类似的情况，2# 滑坡经过多次下挫后，1# 滑坡前缘原本连续的斜坡形成多级陡坎，前缘临空面高差达 50m，斜坡平均坡度达 25°，为滑坡的发生提供了较好的临空条件。

2. 影响因素分析

1）降雨

诱发滑坡最主要的外界影响因素是降雨，降雨对斜坡主要存在以下影响。

（1）增加坡体自重：降雨，尤其是极端强降雨，会造成坡表大量积水，据调查访问和勘查区多年气象资料统计表，滑坡区在强降雨天气条件下，坡表会形成深度达 10cm 的坡表积水，势必会增加坡体重度和下滑力，不利于斜坡稳定。

（2）软化效应：降水渗入斜坡转化为地下水会对岩土体产生软化作用。软化作用主要包括对结构面的润滑和对滑带土的软化。地下水对滑带土产生软化作用后，能改变滑带土的物理性质，如增加含水率和孔隙比。除此之外，还会发生滑带土溶解、水化、氧化还原、沉淀和离子交换等作用。研究区内岩质滑坡滑带土中含有大量黏土矿物，如蒙脱石、伊利石和绿泥石等，离子交换作用能改变这些矿物的含量。溶解作用能使滑带土内产生溶蚀裂隙、空隙及孔洞等。通过这些作用能改变滑带土的微观结构，从而改变力学性质，使岩土体强度降低，这也与岩土样在天然条件和饱和条件下相关试验数据之间的差异相吻合。

（3）力学作用：降水产生的力学作用包括增加坡面冲刷力和静水压力。10～20cm厚的水流在斜坡体上流动时，会对斜坡表面产生冲刷力，坡度越陡，流速越快，雨强越大，拖拽力也就越大。当斜坡为起伏不大的直线型斜坡时，流水产生的面力均匀分布在斜坡表面，增加了临空方向产生的下滑力。降水会通过滑坡体已有的入渗通道（张拉裂缝、空洞等）下渗至滑体内部，使得滑带土和部分土体处于饱和状态，孔隙水压力甚至超空隙水压力，会削弱土颗粒间的作用力，从而使得其抗剪强度降低，对斜坡稳定性造成不利影响，这也与岩土样在天然条件和饱和条件下相关试验数据之间的差异相吻合。

2）河流冲刷

西河水位标高为1162.5～1202.3m，雨季水位涨幅在4m左右，涨、降幅度不小，西河河水对滑坡前缘的冲刷是影响整个滑坡稳定性的重要影响因素之一，前缘河水的不断掏蚀会逐级牵引上部斜坡使其失稳，尤其以2#和4#次级滑坡强变形区为甚。

在2010年以前，收集的资料显示西河多年平均流量为44.79m³/s，河水对滑坡前缘的掏蚀导致经常性形成局部垮塌并牵引上方坡体使其失稳滑动，在2010年底陇东水电站开始运行后，河水多年平均流量降至10.79m³/s，较之前流量减少超过2/3，因而自2010年后滑坡前缘变形活动有所减弱，这也在之后的滑坡变形监测资料中有所体现。但由于滑坡前缘护堤工程均已冲毁失效，前缘强变形区在主汛期受河水冲刷牵引致使局部失稳滑动的现象时有发生，最终造成前缘滑坡体局部复活，因此西河河水冲刷是目前滑坡前缘尤其是2#和4#次级滑坡强变形区变形加剧的主要触发因素。

在滑坡中部弱变形区前缘段，由于目前整体稳定性较好，前缘受河水冲刷牵引破坏较小，但在河水长期冲刷作用下，前缘局部滑块稳定性将逐步降低从而发生局部垮塌失稳，这与古滑坡中部和6#次级滑坡前缘地段现场照片相符。

综上所述，西河河水的冲刷对滑坡前缘尤其是强变形区前缘段的失稳有直接影响，是2017年5月至今2#和4#次级滑坡前缘垮塌变形、局部复活的主要触发因素。

3）地震

地震可以使滑坡体获得放大的地震动峰值,引起岩土体结构和强度弱化,从而破坏岩土体内部力学平衡,致使斜坡失稳下滑。现场调查发现,2008年汶川大地震和2013年芦山地震均对斜坡造成了较大扰动,造成滑坡复活,目前滑坡后缘的房屋、公路变形均是由于2013年芦山地震触发后,在降雨作用下发生的蠕滑。

根据前述内容,先锋滑坡工作区地震设防基本烈度为Ⅷ度,地震动峰值加速度为0.20g(g为重力加速度,近似为9.8m/s^2),地震动反应谱特征周期为0.35s,因此勘查区内地震频繁,对斜坡稳定性影响巨大,主要体现在以下几方面。

（1）地震产生地震力的同时,将导致斜坡内部产生与地震力大小相对、方向相反的惯性力,正是受到这种附加应力的影响,可能会导致斜坡体失稳;

（2）地震同时会使饱水的斜坡因振动液化而移动,使其抗滑力减小。

因此,调查区内的地震活动也是加剧先锋滑坡变形的重要诱发因素之一。

4）人类工程活动

根据现场调查访问情况,勘查区内人类工程活动程度较高。由于勘查区属于高山峡谷地貌,土地使用面积非常有限,因此县道（两永路）、村道、民房、耕地挖种等主要人类工程活动均需开挖坡脚,同样是滑坡变形加剧的重要诱发因素之一。

4.1.4 工程设计和施工

1. 工程设计

（1）根据《滑坡防治工程设计与施工技术规范》（DZ/T 0219—2006）5.1条,滑坡灾害威胁河对岸老场村1组村民的安全,也有堵塞西河形成堰塞湖,危及下游陇东镇甚至五龙乡和穆坪镇的可能,威胁程度高,后果十分严重。根据《滑坡防治工程勘查规范》（GBT 32864—2016）,该滑坡危害对象等级为一级,危害程度为特大级。

（2）治理工程结构设计基准期为50年。根据《滑坡防治工程设计与施工技术规范》（DZ/T 0219—2006）,该滑坡治理工程为一级防治工程,滑坡治理工程设计按"饱和"工况下安全系数1.10考虑。以暴雨工况为设计工况,地震工况为校核工况。安全系数按表4.1选取。

4 典型地质灾害治理工程案例分析

表 4.1　滑坡防治工程设计安全系数推荐表

滑坡类型	天然工况	暴雨工况	地震工况
推移式	1.15	1.10	1.05

滑体物理力学参数建议值见表 4.2。

表 4.2　滑体物理力学参数建议值表

状　态	古滑坡、3#、6# 次级滑坡重度 /(kN/m³)	1# 次级滑坡重度 /(kN/m³)	2# 次级滑坡重度 /(kN/m³)	4# 次级滑坡重度 /(kN/m³)
天然状态	19.6	19.6	19.43	19.6
饱和状态	20.54	20.54	19.93	20.54

滑带土物理力学参数建议值见表 4.3。

表 4.3　滑带土物理力学参数建议值表

状态	古滑坡 黏聚力(c)/kPa	古滑坡 内摩擦角(φ)/(°)	1# 次级滑坡 黏聚力(c)/kPa	1# 次级滑坡 内摩擦角(φ)/(°)	2# 次级滑坡 黏聚力(c)/kPa	2# 次级滑坡 内摩擦角(φ)/(°)	3# 次级滑坡 黏聚力(c)/kPa	3# 次级滑坡 内摩擦角(φ)/(°)	4# 次级滑坡 黏聚力(c)/kPa	4# 次级滑坡 内摩擦角(φ)/(°)	6# 次级滑坡 黏聚力(c)/kPa	6# 次级滑坡 内摩擦角(φ)/(°)
天然状态	19.5	25.4	10.5	19.3	10.2	19.2	19.7	21.6	14.4	23.0	18.4	21.3
饱水状态	16.6	23.2	9.5	16.8	5.6	14.8	16.5	19.4	11.9	22.1	15.5	19.2

古滑坡和 2# 次级滑坡碎石土的滑床力学参数是根据临近工点及工程经验得出的，给出该滑床中密 – 密实碎石土体的天然重度为 19.4～19.8kN/m³，饱和重度为 19.9～20.3kN/m³；天然快剪 c 为 9.9kPa、φ 为 32°；饱和快剪 c 为 5.6kPa、φ 为 26.7°。

1#、3#、6# 次级滑坡综合确定的滑床块状碎石土天然抗剪强度参数 c 为 10kPa、φ 为 33°。

4# 次级滑坡综合确定的滑床块状碎石层天然抗剪强度参数 c 为 40kPa、φ 为 35°。

基岩（中风化）滑床的物理力学参数建议值见表 4.4。

表 4.4　基岩（中风化）滑床的物理力学参数建议值表

状态	古滑坡 泥质灰岩	古滑坡 碳质页岩	1# 次级滑坡 泥质灰岩	1# 次级滑坡 碳质页岩	2# 次级滑坡 泥质灰岩	2# 次级滑坡 碳质页岩
天然密度 /(g/cm³)	2.71	2.48	2.57	2.48	2.59	2.52
天然抗压强度 /MPa	—	5.03	—	5.03	—	6.3
饱和抗压强度 /MPa	10.42	—	10.03	—	8.9	—

根据《中国地震动参数区划图》（GB 18306—2015）国家标准，工作区地震动峰值加速度为 0.20g，地震动反应谱特征周期为 0.35s，地震设防基本烈度为Ⅷ度。

2. 施工

滑坡前缘为西河，施工生产可直接取用河水，生活用水可直接取用场镇自来水，铺设用水管线长度约 2500m。工作区紧邻陇东镇，用电方便，由于治理施工机械功率较大，拟设置 10kV 输电线路，线路长约 2500m，设置 800kV·A 变电站 2 台，同时施工单位应自备 200kW 的发电机组 1 台，以备急用，其他主要机械设备配置计划如表 4.5 所示。

工程所需的碎砾石、砂料和石料可在陇东镇砂、砾石生产场和石料场购进，运距约 5km。木材可在当地林木工场购置。水泥、钢材等可从宝兴县购进，运距约 15km。

表 4.5　主要机械设备配置计划表

序号	设备名称	规格型号	数量/台
1	风镐	C11-A	4
2	凿岩机	YT28	2
3	砂浆搅拌机		4
4	滚筒搅拌机	JS350	2
5	自卸汽车		2
6	挖掘机		1
7	手动葫芦		4
8	卷扬机		4
9	电动空压机	3m^3/min	3
10	手推车		10
11	插入式插动器		2
12	交流电焊机	BX3-300	2
13	钢筋弯曲机	GW-40	2
14	钢筋调直机	GT4/10	1
15	钢筋切断机	GQ-40	2

施工顺序：测量放线定位→土石方开挖→桩孔孔壁支护→挖孔→钢筋制安→混凝土浇筑。

施工流程：放线定位→孔口井圈施工→人工挖孔、护壁→钢筋制安→混凝土浇筑→混凝土养护→检查验收。

4.1.5　技术创新与经验

（1）在勘察调查阶段，作业单位独创性地采用"空中遥感及航摄+地面调查、测绘+

地下探测"三位一体的综合勘查手段，查明了滑坡的基本特征、变形破坏机制，分析其稳定性及发展变化趋势；对其失稳后造成的生态环境影响全面分析，确定滑坡稳定性计算及治理工程设计所需的技术参数，提出科学合理的防治工程方案。为高山峡谷区重要城镇地质灾害勘察方法、施工、监测预警等类似工程项目的实施提供了参考。

（2）针对重点城镇周边多灾种地质灾害进行综合勘察、设计、治理，降低治理工程成本。对先锋村滑坡的治理，针对性地提出了"分期分区治理+古滑坡前缘防冲+次级滑坡前缘支挡及防冲+强变形区截水、排水+整体监测预警"的复合式治理工程体系方案，有效保护了受威胁对象，又有效控制了工程投资，并且避免多次治理工程对周边生态环境的破坏和对居民正常生活的干扰。

4.2 案例2：木里县项脚乡项脚沟特大型火后泥石流治理工程

4.2.1 隐患点概况

项脚沟位于四川省凉山州项脚蒙古族乡，是小金河右岸的一级支流，属金沙江水系，沟口地理坐标为东经101°22′52″，北纬27°53′05″，流域面积为77.12km^2，主沟长约14.95km。据现场勘查，项脚沟为一条老泥石流沟，流域内分布有大量的老泥石流堆积台地，主沟及部分支沟老泥石流堆积扇发育，地质历史上曾暴发过泥石流灾害。2020年3月28日，木里县项脚乡境内发生了严重的森林火灾，项脚沟流域位于重度过火区，森林火灾造成植被严重损毁，地表裸露，坡体上形成了大量松散固体物质。据走访调查，火灾前项脚沟在2007年曾发生过泥石流。2020年6月9日至2020年9月14日，受强降雨影响，项脚沟流域先后发生了规模不等的泥石流灾害14次，造成大量房屋、农田被淤埋，部分道路、桥梁被冲毁，直接经济损失达4500万元以上。泥石流流域及居民房屋位置如图4.4所示。

项脚沟泥石流危害对象：主要有项脚乡项脚村上沟组、柏香组、阿牛窝子组等村民1000余人，项脚乡学校和机关（项脚乡小学、项脚乡政府、项脚村委会、项脚村卫生室等）300余人，项脚乡至白碉乡通乡公路，项脚村通村公路，项脚村蔬菜大棚经济园区及农田约2000余亩[①]。潜在威胁财产约1.5亿元，泥石流潜在危险性等级为大型。

---

① 1亩≈666.67m^2。

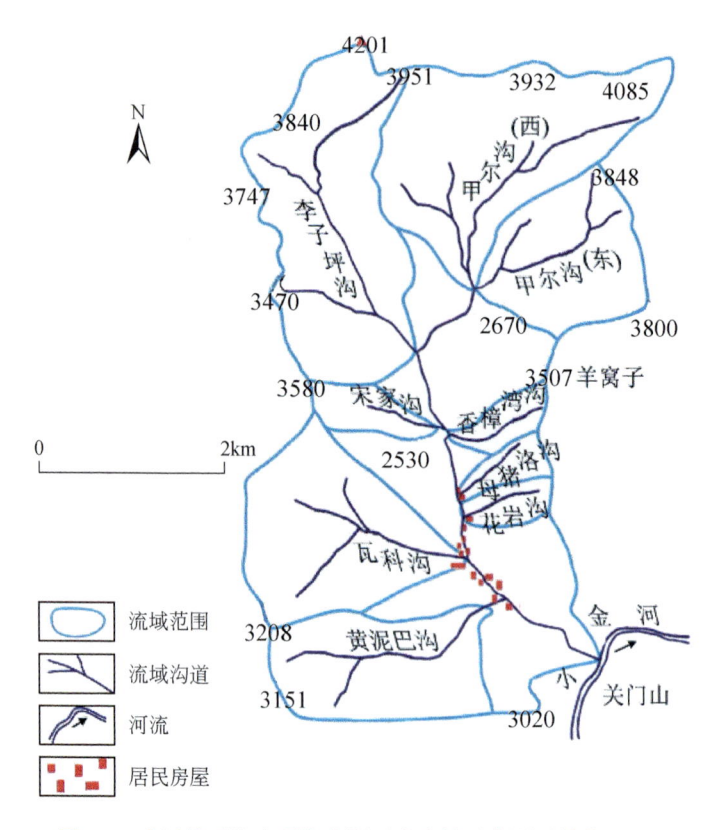

图 4.4　木里县项脚乡项脚沟泥石流流域示意图（单位：m）

4.2.2　工程概况

项脚沟泥石流治理工程主要包括项脚沟主沟治理工程和花岩沟、母猪洛沟、香樟湾沟、黄泥巴沟、拖科沟、瓦科沟、杨布尔塔沟、宋家沟 8 条泥石流支沟的治理工程。每条沟的具体工程如表 4.6 所示，治理工程开始前灾点的变形特征及完成后的现场情况分别如图 4.5 和图 4.6 所示。

表 4.6　项脚沟泥石流治理工程

沟道	工程名称	数量
项脚沟	项 –1# 拦挡坝	1 座
	项 –2# 拦挡坝	1 座
	项 – 抗滑挡墙	1 段
花岩沟	花 – 排导槽	1 段
	花 – 谷坊坝	1 座
母猪洛沟	母 – 排导槽	1 段
	母 – 谷坊坝	1 座

续表

沟道	工程名称	数量
香樟湾沟	香－排导槽	1段
	香－拦挡坝	1座
黄泥巴沟	黄－排导（固床）槽	1段
	黄－拦挡坝	1座
拖科沟	拖－排导槽	1段
	拖－拦挡坝	1座
瓦科沟	瓦－排导槽	1段
	瓦－拦挡坝	1座
杨布尔塔沟	杨－排导槽	1段
	杨－拦挡坝	1座
宋家沟	宋－排导槽	1段
	宋－谷坊坝	1座

4.2.3 泥石流成因机制

项脚沟泥石流主要启动于支沟坡面物源，受局地暴雨影响，支沟流域内尤其是高陡坡面上的大量松散土体（主要由森林火灾形成）随地表径流进入沟道，从而形成高含沙水流，高含沙水流在行进过程中强烈侵蚀沟岸和冲刷沟床，从而形成泥石流；泥石流进入主沟后，继续侵蚀主沟沟岸和沟床，泥石流中固体物质继续增加，泥石流规模进一步增大。由于泥石流携带大量木头和石块，在局部狭窄沟段发生堵塞，溃决后泥石流流量瞬间陡增，从而形成大规模的灾害性泥石流。由于下游沟道平缓、狭窄，泥石流不能及时排导而向两侧淤积和漫流，对房屋、农田、道路等造成淤埋和损毁。

4.2.4 工程设计和施工

项脚沟泥石流综合治理工程：7段排导槽+1段固床槽+7座拦挡坝+3座谷坊坝+1段抗滑挡墙。

治理等级：项脚沟泥石流造成直接经济损失约4500万元，潜在威胁经济约1.5亿元，潜在威胁人口约900人，根据《泥石流防治工程设计规范（试行）》（T/CAGHP 021—2018）规定，项脚沟泥石流灾害防治工程安全等级为二级（受威胁人数100～1000人）。

设计标准：由于项脚沟流域面积大，支沟发育，泥石流威胁对象零散分布于主沟和支沟流域，本次泥石流治理主体工程按20年一遇标准设计，50年一遇标准校核。

稳定性标准：泥石流拦挡坝设计基本荷载组合下抗滑安全系数为 1.15，抗倾覆安全系数为 1.40；特殊组合下抗滑安全系数应达到 1.06，抗倾覆安全系数达到 1.12。泥石流排导槽侧墙设计基本荷载组合下抗滑安全系数为 1.20，抗倾覆安全系数为 1.50；特殊组合下抗滑安全系数应达到 1.10，抗倾覆安全系数达到 1.40。

项脚沟泥石流综合治理工程的施工方法及要求如下。

1）排导槽（防护堤）施工方法及施工机械基本要求

排导槽（防护堤）施工过程包括基础开挖、基础和墙身混凝土浇筑 2 个部分。①排导槽（防护堤）基础土石方采用分级开挖方式，采用 1m³ 挖掘机挖土装车，5t 自卸车运土到弃渣场弃渣。基础施工前和施工过程中做好排水工作。②排导槽（防护堤）基础及墙身混凝土浇筑在基础开挖完成后进行。搅拌站在排导槽（防护堤）附近就近设置，采用 0.4m³ 砂浆搅拌机拌合，5t 自卸车运送。基础采用风水枪冲洗至仓面干净，根据实际情况安排水泵进行仓面排水。分层施工的混凝土浇筑工程，对胶结的水平面均需做好打毛、冲洗处理，待浇一层 5cm 厚的 100# 水泥砂浆后，才能再继续向上浇筑。

2）拦挡工程施工方法及施工机械基本要求

拦挡工程施工包括基础与坝肩开挖、基础混凝土浇筑、坝体混凝土砌筑 3 个部分。① 土石方开挖，拦挡工程中涉及土石方开挖的过程有基础和坝肩开挖。坝基可采用挖掘机及镐等便携设备开挖，并辅以炸药爆破，由自卸汽车装运渣土到临近弃渣场弃渣；坝肩开挖可采用梯级开挖，手持式风钻凿岩，并配以少量炸药，由自卸汽车装运渣土到临近弃渣场弃渣。基础施工前做好围堰的维护防水，施工过程中做好排水工作，确保混凝土浇筑期间及浇筑后 24h 内基坑内无积水。坝肩开挖前做好仰坡上截水沟以及山坡的危石清理工作。② 拦挡坝采用混凝土浇筑，混凝土搅拌站在梳齿坝附近就近设置，由 0.4m³ 搅拌机拌合，5t 自卸车运送。采用风水枪冲洗仓面，根据实际情况安排水泵进行仓面排水。对分层施工的各类混凝土浇筑工程，对胶结的水平面均需做好打毛、冲洗处理，待浇一层 5cm 厚的 100# 水泥砂浆后，才能再继续向上浇筑。③ 在溢流段坝脚处应选用粒径≥50cm 的大块岩石铺面，以增加坝脚的稳定性和抗冲蚀性。

4.2.5　技术创新与经验

项脚沟泥石流是典型火后泥石流，受森林火灾影响，项脚沟流域植被损毁严重，固土能力大大削弱，水土流失加剧，导致泥石流灾害十分频繁。项脚沟泥石流综合治理涉及主沟及多条支沟，对此泥石流沟的治理综合考虑到各条支沟的不同情况，充分考虑到其火后泥石流特征，因地制宜开展工程建设。

该隐患点发灾频率较高，灾情发生影响较大，其威胁对象为项脚乡项脚村上沟组、柏香组、阿牛窝子组等村民 1000 余人，项脚乡学校和机关 300 余人，项脚乡至白碉乡通乡公路，项脚村通村公路，项脚村蔬菜大棚经济园区及农田约 2000 余亩。泥石流灾害潜在威胁财产约 1.5 亿元。

因此在勘察调查阶段，作业单位采用了"空–天–地"三位一体的综合勘查手段，查明了项脚沟泥石流发育的自然环境、形成条件、泥石流的基本特征及危害等，并利用卫星遥感解译查明了泥石流淤积面积及泥石流沟两侧的崩塌滑坡物源，模拟计算泥石流的工程治理参数，提出了科学合理的防治工程方案。

项脚沟流域下游泥石流堆积区长度约 3.5km，根据该泥石流堆积区地势平坦、蜿蜒绵长，平均纵坡比降为 3%～5%、自然排导条件非常差等特征，项脚沟流域治理工程总体

图 4.5　治理前灾点变形特征图

采用以拦、固、停固体物源+排洪+辅以生态修复的综合治理措施。本次综合治理方案不仅通过工程治理减轻了灾害对危险区人们生命财产安全的威胁，而且结合采用生物工程等措施，使治理工程与环境相协调，结合地方政府实施的植被恢复和水土保持工程，可有效改善当地地质环境条件，减少水土流失的危害，必将带来良好的生态环境效益。

由于项脚沟流域面积大，支沟发育，泥石流威胁对象零散分布于主沟和支沟流域，泥石流治理主体工程按20年一遇标准设计，50年一遇标准校核。

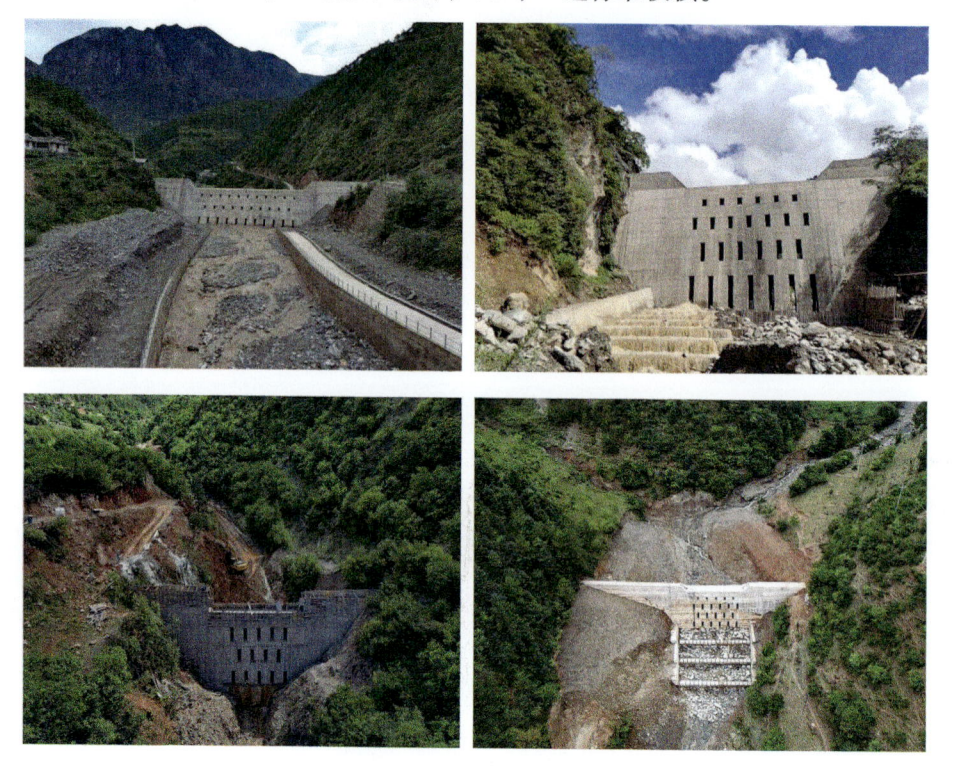

图 4.6　治理后工程效果图

4.3　案例3：雅江县县城后山地质灾害隐患综合治理工程

4.3.1　隐患点概况

雅江县县城地质灾害隐患位于四川省甘孜州雅江县县城城北大桥至党校一带后缘斜坡上（图4.7），中心地理坐标为东经101°00′35.92″，北纬30°01′37.61″。治理工程涉及的地质灾害隐患主要包括2个危岩区（10处危岩带）和1处泥石流冲沟，主要对斜坡坡脚居住区的居民、步游道及行人产生严重威胁。

图 4.7 雅江县县城地质灾害隐患分布全貌

（1）Ⅰ号危岩区，位于县城城北大桥至寺庙背后斜坡，地理坐标为东经100°59′39″，北纬30°02′15″。共发育5处危岩带，分布高程为2677～2914m，危岩体为不规则状楔形体，近似长方体，长度为0.8～1.6m，宽度为0.4～0.8m，厚度为0.5～0.6m，体积为0.16～0.64m³（图4.8）。破坏模式主要为滑移式，临近冲沟的危岩带有归槽作用，即危岩体失稳滚落后大都沿着该冲沟运动直至斜坡下方，其他地段则沿着坡面顺坡运动。

图 4.8　Ⅰ号危岩区全貌　　　　　图 4.9　Ⅱ号危岩区全貌

（2）Ⅱ号危岩区，位于县城寺庙-党校背后斜坡，地理坐标为东经101°00′22″，北纬30°01′55″。共发育5处危岩带，分布高程为2673～2914m，危岩体为不规则状楔形体，近似长方体和正方体，长度为0.6～2.0m，宽度为0.4～0.7m，厚度为0.5～0.6m，体积为0.24～0.40m³（图4.9）。破坏模式主要为坠落式，临近冲沟的危岩带地段有归槽作用，即危岩体失稳滚落后沿冲沟运动直至斜坡下方，其他地段则沿着坡面顺坡运动。

（3）泥石流，位于中段斜坡体上，地理坐标为东经101°00′34″，北纬30°01′43″。冲沟流域形态近似树叶型，水系呈羽状（图4.10）。发育高程为2566～3408m，主沟纵长约 790m，平均纵坡比降为 787‰，平均宽度为 3～10m，流域面积约 0.37km²。

（4）地质灾害隐患危害。县城后山斜坡危岩体常年有小规模失稳破坏，其中 2012 年 9 月、2013 年 7 月至 8 月、2013 年 7 月产生了大规模的危岩体失稳，以致损毁房屋、砸毁过往车辆。危岩体主要威胁斜坡坡脚居民及本达宗小学、雅江县幼儿园、寺庙等共计 5000 人，威胁财产约 10000 万元。地质灾害险情为特大型，对象等级为一级。泥石流主要威胁沟口下方居民共 4 户、16 人及县城主干道，2013 年 7 月的危岩体失稳造成直接经济损失约 220 万元。

图 4.10　泥石流流域遥感影像及全貌野外实拍图

4.3.2　工程概况

治理方案：主动防护网+被动防护网+谷坊坝+人工清危+点锚（表 4.7、表 4.8，图 4.11）。

1. 危岩治理方案：主动防护网+被动防护网+人工清危+点锚

对斜坡上的危岩体进行人工清除，清除方量共计 2.32m³。对 WY8 进行点锚固，锚杆选用直径（Φ）25HRB335 钢筋全长黏结型压力注浆锚杆，设计锚杆长度为 3m。

表 4.7　县城后山危岩治理工程及工作量

危岩带	主动防护网			被动防护网		
	锚杆长/m	间距/m	面积/m²	型号	长/m×高/m	面积/m²
W1	4	3.0×3.0	711	—	—	—
W2	—	—	—	RXI-100	150×3	450
W3	—	—	—	RXI-100	150×3	450

续表

危岩带	主动防护网			被动防护网		
	锚杆长 /m	间距 /m	面积 /m²	型号	长 /m × 高 /m	面积 /m²
W4	4	3.0 × 3.0	2772	RXI-150	25 × 3	75
W5	—	—	—	RXI-150	90 × 3	270
W6	—	—	—	RXI-200	190 × 4	760
W7	—	—	—	RXI-200	100 × 4	400
W8	4	3.0 × 3.0	1377	—	—	—
W9	4	3.0 × 3.0	540	—	—	—
W10	—	—	—	RXI-100	25 × 3	75

2. 泥石流冲沟治理方案：谷坊坝

泥石流冲沟治理工程详见表 4.8 和图 4.11。

表 4.8 县城后山泥石流治理工程及工作量

名称	坝高 /m	有效坝高 /m	基础埋深 /m	坝顶宽度 /m	溢流口坝顶 /m	坝底厚度 /m
1# 谷坊坝	2.50	2.00	1.50	14.30	2.90	4.70
2# 谷坊坝	3.50	3.00	1.50	15.00	2.90	5.60

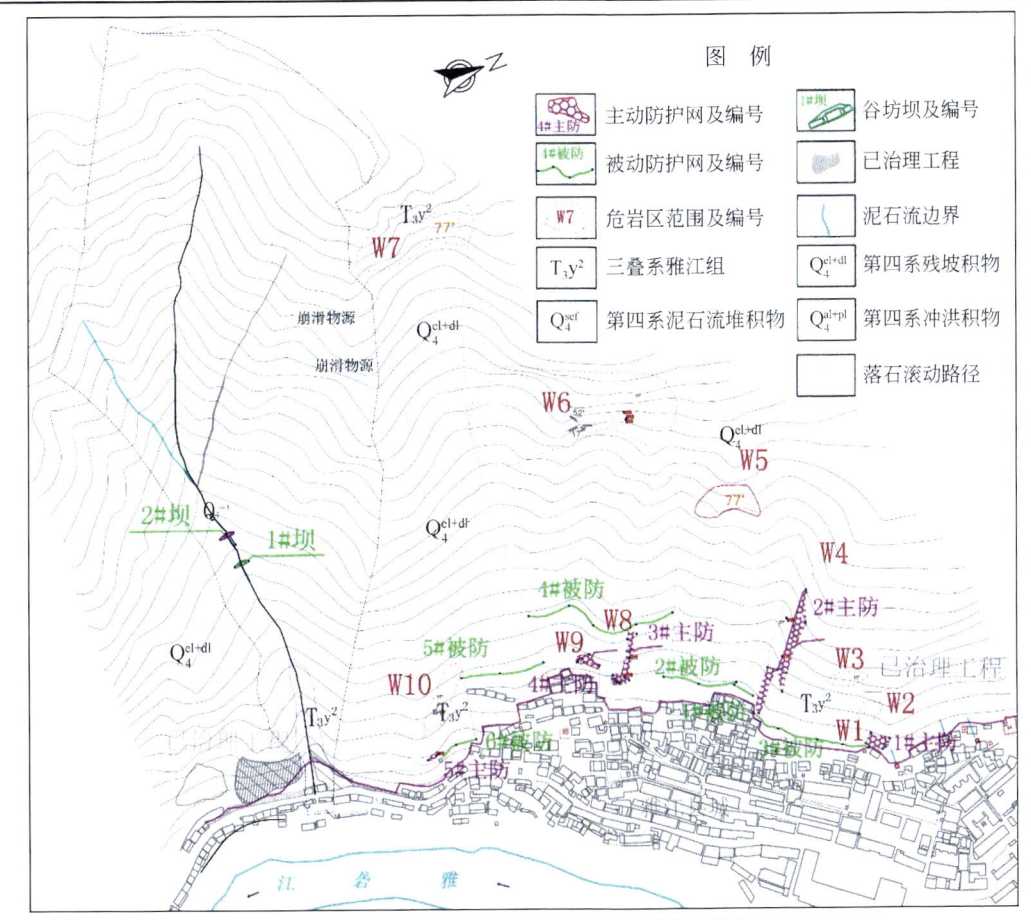

图 4.11 县城后山危岩治理工程部署示意图

4.3.3 危岩稳定性分析

1. 分析方法和风险控制标准

危岩体的稳定性由地形地貌、危岩外形特征、结构特征等内部因素控制，同时受降雨、地震、植被及人类工程活动影响，在重力的作用下失稳而突然脱离母体而发生崩塌。崩塌发生后的崩塌源后壁还具有较陡的临空面，形成新的危岩体，未发生崩塌的危岩体也因降雨、震动等影响（剧烈摇晃）具有崩塌前兆状态。

危岩体的稳定性评价预测主要是对与人类工程活动有关的危岩体的稳定性和演化趋势做出评价预测，稳定性评价方法主要为两大类：定性分析法和定量计算法。定性分析法以地面调查为主，定量计算法以静力解析法为主。

2. 稳定性、易发性分析

1）定性分析与评价

危岩体节理裂隙发育，大都以陡坡基岩形式出露，面积较大，所形成的危岩块体点多、面广。我们根据详细调查资料，着重对陡崖、陡坡段的岩体结构、结构面特征、斜坡形态以及对不同时期崩塌形成的条件、特点进行类比分析。根据实地调查结果和确定的各危岩体的不同特征、不同规模、不同的空间位置展布，危岩体基本特征及稳定性定性评价及分析见表4.9。

表 4.9　危岩稳定性定性评价表

危岩带	危岩块体	破坏模式	现状稳定性	预测稳定性
W1	岩体切割块体较小	分解掉块、坠落式	欠稳定	欠稳定
W2	岩体切割块体较小	分解掉块、坠落式	欠稳定	欠稳定
W3	岩体切割块体较小	分解掉块、坠落式	基本稳定	欠稳定
W4	WY1～WY2	滑移式、坠落式	欠稳定	欠稳定
W5	岩体切割块体较小	分解掉块、坠落式	欠稳定	不稳定
W6	WY3～WY5	滑移式	欠稳定	不稳定
W7	岩体切割块体较小	分解掉块、坠落式	欠稳定	欠稳定
W8	WY6～WY7	滑移式、坠落式	欠稳定	不稳定
W9	岩体切割块体较小	分解掉块、坠落式	欠稳定	不稳定
W10	WY8	坠落式	欠稳定	不稳定

2）定量分析及评价

隐患区危岩失稳破坏模式主要为滑移式、坠落式两类，治理工程中考虑以下3种工况：天然状态（Ⅰ）、暴雨状态（Ⅱ，饱和自重＋裂隙水压，其中裂隙充水高度取裂隙深度的1/2～2/3）、地震状态（Ⅲ，自重＋地震力）。依据危岩体潜在变形破坏模式和现场调查、测绘的危岩体几何尺寸、边界条件，对应相应的计算模型和计算公式，代入相应参数，求得部分危岩稳定性的计算结果如表4.10～表4.12所示。

表4.10 危岩稳定性系数及稳定性评价表

危岩体编号		WY1	WY2	WY3	WY4	WY5	WY6	WY7	WY8	WY9	WY10
危岩类型		滑移式	坠落式	滑移式	滑移式	滑移式	滑移式	坠落式	坠落式	坠落式	坠落式
I	稳定系数	1.27	1.16	1.36	1.40	1.58	1.59	1.23	1.13	1.24	1.15
	稳定性评价	基本稳定	稳定	稳定	稳定	稳定	欠稳定	欠稳定	欠稳定	欠稳定	欠稳定
II	稳定系数	0.97	1.14	0.99	0.95	1.05	0.95	1.21	1.10	1.22	1.13
	稳定性评价	不稳定	欠稳定	不稳定	不稳定	欠稳定	不稳定	欠稳定	欠稳定	欠稳定	欠稳定
III	稳定系数	1.19	0.97	1.28	1.33	1.50	1.50	1.06	0.96	1.08	1.01
	稳定性评价	欠稳定	欠稳定	基本稳定	欠稳定	稳定	稳定	欠稳定	欠稳定	欠稳定	欠稳定

表4.11 危岩动能计算结果表

危岩编号	计算坡段	运动模式	坡度/(°)	垂直距离/m	崩落摩擦系数(ε)	落石质量/kg	坡段末速度(v)/(m/s)	落石冲击力/kN	滚石动能(E)/kJ
W1	A—B	坠落	70	15	1.00	270	13.66	12.30	30.25
	B—C	弹跳、滚落	30	10	0.54	270	10.98	9.88	19.53
W2	A—B	坠落	60	8	0.84	270	8.99	8.09	13.09
	B—C	弹跳、滚落	40	30	0.61	270	15.21	13.69	37.50
W3	A—B	坠落	75	12	1.09	270	12.89	11.60	26.90
	B—C	弹跳、滚落	40	40	0.61	270	18.03	16.22	52.64
W4	A—B	坠落	80	10	1.20	2430	12.43	100.68	225.26
	B—C	弹跳、滚落	45	50	0.66	2430	21.01	170.15	643.35
	C—D	滚落	30	6	0.54	2430	20.45	165.66	508.22
W5	A—B	坠落	85	15	1.31	1350	16.13	72.58	210.71
	B—C	弹跳、滚落	50	70	0.71	1350	27.03	121.65	591.96
	C—D	滚落	35	5	0.57	1350	26.45	119.02	472.23
W6	A—B	坠落	80	20	1.20	1215	17.58	71.19	225.26
	B—C	弹跳、滚落	50	220	0.71	1215	44.50	180.21	1443.30
	C—D	滚落	35	10	0.57	1215	43.39	175.73	1143.75
W7	A—B	坠落	85	15	1.31	1080	16.13	58.06	168.56
	B—C	弹跳、滚落	50	260	0.71	1080	47.33	170.40	1451.82
	C—D	滚落	35	10	0.57	1080	46.11	165.99	1147.99
W8	A—B	坠落	70	12	1.00	1080	12.22	44.00	96.79
	B—C	弹跳、滚落	40	6	0.61	1080	12.00	43.21	93.36
W9	A—B	坠落	86	12	1.33	540	14.60	26.28	69.05
	B—C	弹跳、滚落	45	8	0.66	540	13.25	23.84	56.85
W10	A—B	坠落	82	10	1.24	675	12.72	28.61	65.49
	B—C	弹跳、滚落	45	40	0.66	675	19.32	43.47	151.15

表 4.12　落石弹跳高度计算结果表

危岩编号	计算坡段	运动模式	恢复系数 (ρ)	瞬间摩擦系数 (λ)	坡度 (a) /(°)	弹跳距离 /m	弹跳高度 /m
W1	A—B	坠落	0.1	0.7	70	7.63	2.12
	B—C	弹跳、滚落	0.4	0.3	30	3.16	1.52
W2	A—B	坠落	0.1	0.7	60	6.50	1.79
	B—C	弹跳、滚落	0.4	0.3	40	5.41	1.56
W3	A—B	坠落	0.1	0.7	75	5.69	2.18
	B—C	弹跳、滚落	0.4	0.3	40	6.41	1.57
W4	A—B	坠落	0.1	0.7	80	3.80	2.26
	B—C	弹跳、滚落	0.4	0.3	45	7.97	1.61
	C—D	滚落	0.4	0.3	30	5.89	1.54
W5	A—B	坠落	0.1	0.7	85	2.54	2.64
	B—C	弹跳、滚落	0.4	0.3	50	10.67	1.68
	C—D	弹跳、滚落	0.4	0.3	35	8.59	1.58
W6	A—B	坠落	0.1	0.7	80	5.38	2.58
	B—C	弹跳、滚落	0.4	0.3	50	17.57	1.79
	C—D	滚落	0.4	0.3	35	14.09	1.63
W7	A—B	坠落	0.1	0.7	85	2.54	2.64
	B—C	弹跳、滚落	0.4	0.3	50	18.69	1.81
	C—D	滚落	0.4	0.3	35	14.97	1.64
W8	A—B	坠落	0.1	0.7	70	6.82	2.06
	B—C	弹跳、滚落	0.4	0.3	40	4.27	1.55
W9	A—B	坠落	0.1	0.7	86	1.85	2.56
	B—C	弹跳、滚落	0.4	0.3	45	5.03	1.57
W10	A—B	坠落	0.1	0.7	82	3.15	2.33
	B—C	弹跳、滚落	0.4	0.3	45	7.33	1.60

将各危岩区危岩体的崩塌落石弹跳高度及滚石动能作为拟设被动防护治理工程的重要依据。危岩带危岩体的崩塌落石弹跳高度为 1.52～3.31m，考虑 0.5～1m 的安全高度，可拟设被动防护治理工程高度为 3～5m；拟设被动防护治理工程主要设置于斜坡下部坡段，而危岩体的崩塌落石动能为 210.71～1451.82kJ，考虑一定的安全储备，拟设被动防护治理工程可设置 750～1500kJ 的防护能级。

4.3.4　泥石流成因分析

泥石流冲沟属暴雨沟谷型泥石流。据调查，雅江县地区多年最大平均 24h 降雨量为

40mm；多年最大平均 6h 降雨量为 25mm；多年最大平均 1h 降雨量为 12.5mm；多年最大平均 10min 降雨量为 10mm，在概率（P）=5% 的条件下，10min、1h、6h、24h 雨强可分别达到 19.90mm、20.88mm、39.25mm、62.80mm。可见，泥石流冲沟流域内具备良好的水源条件。流域内松散物源丰富，主要为崩、残坡积碎块石土，结构松散、孔隙大，遇水后自重增大，强度降低。沟域地形陡峻、相对高差大、沟谷纵坡大及两岸坡度大为水源和泥沙的汇聚提供了有利的地形地貌条件。

4.3.5 工程设计和施工

1. 治理工程设计

1）治理思路

根据危岩及泥石流冲沟变形破坏模式，结合已建工程分析，提出以下治理思路：对发育于斜坡中下方的危岩以主动防护为主，斜坡上部的危岩以被动防护为主；对泥石流冲沟以固源、削减泥石流洪峰流量为主。

2）设计方案

（1）主动防护网工程设计。

依据主动防护网工程布置的原则，主动防护网主要用于防护 W1、W4、W8、W9 危岩带和 WY8 危岩体。危岩带中危岩体破碎、块体小、范围较大，故采用 SPIDER 型主动防护网进行防护。危岩区卸荷破碎带厚 2～3m，锚杆进入稳定岩层长度大于 1m，主动网支护锚杆的长度为 4m。锚杆采用 2 根 Φ16 钢丝绳，全灌浆钢绳锚杆，按间距 3.0m×3.0m 布置，锚杆与水平线夹角为 15°～25°。锚杆可用水灰比为 0.45～0.50、灰砂比为 1.0∶1～1.2∶1 的水泥砂浆固定，注浆压力为 0.3～0.5MPa，采用孔底注浆法。

（2）被动防护网工程设计。

依据被动防护网工程布置的原则，被动防护网主要用于防护 W2、W3、W4、W5、W6、W7、W10 危岩带。根据危岩带危岩特征，分别采用 RXI-100、RXI-150、RXI-200 型防护网进行防护，网型采用 R12/3/300 型，支撑为 Φ22 双绳，每跨每根各式各 1 个减压环，上拉锚绳采用 Φ14 单绳，"人"字形布置，每根 1 个减压环，侧拉锚绳采用 Φ16 双绳，下拉及中间加固拉锚绳采用 Φ18 单绳，缝合绳采用 Φ12 单绳，网片采用双层网（钢丝强网 + 钢丝格栅）。设计网高为 3～4m，其他技术及构件要求严格按照 RXI-100、RXI-150、RXI-200 型被动防护网的布设要求进行。根据危石弹跳高度计算结果及工程类比，在该地段布设 3～4m 高的被动防护网，其余技术参数与 RXI-100、RXI-150、RXI-200 型防护网的布设要求相同。W2、W3、W10 治理采用为 RXI-100 型；W4、W5 治理采用 RXI-150 型；W6、W7 治理采用 RXI-200 型。

（3）清危工程＋点锚加固设计。

危岩体 WY1～WY7 进行人工清除，清除方量共计 2.32m³。根据 WY8 的实际情况，锚杆选用 Φ25HRB335 钢筋全长黏结型压力注浆锚杆，各设置 1 根锚杆，设计锚杆长度为 3m。锚孔钻孔直径为 110mm，钻孔角度为 15°～25°，孔内注浆采用水灰比为 0.45∶1～0.50∶1、灰砂比为 1.0∶1～1.2∶1（重量比）的水泥砂浆，砂浆强度采用 M30，采用全孔注浆法。

（4）谷坊坝工程设计。

1# 谷坊布置于 28–28′ 剖面处，2#、1# 谷坊布置于 29–29′ 剖面处，横断面呈梯形布置。各谷坊尺寸见表 4.13 和表 4.14。

表 4.13　谷坊设计参数表

名称	坝高 /m	有效坝高 /m	基础埋深 /m	坝顶宽度 /m	溢流口坝顶 /m	坝底厚度 /m
1# 谷坊坝	2.50	2.00	1.50	14.30	2.90	4.70
2# 谷坊坝	3.50	3.00	1.50	15.00	2.90	5.60

表 4.14　泥石流冲沟谷坊坝稳拦物源能力一览表

坝体编号	沟谷纵坡比降 /‰	回淤纵坡比降 /‰	回淤长度 /m	回淤平面面积 /m²	回淤坝库区平均深度 /m	回淤库容 /m³	防止沟床揭底冲刷减少物源量 /m³	合计稳拦物源量 /m³
1# 谷坊坝	462.2	282.1	7.0	123	1.5	184.5	120	304.5
2# 谷坊坝	603.5	296.6	10.5	169	1.6	270.4	120	390.4

通过对坝的回淤库容和防止沟床揭底冲刷所减少的物源量的统计，得到谷坊坝总计减少物源量为 694.9m³，约占动储量的 17.8%，远大于 20 年一遇泥石流的固体冲出量（45m³）。

2. 治理工程施工

1）工程特性

雅江县县城后山地质灾害隐患综合治理工程位于四川省甘孜藏族自治州南部雅江县，雅砻江中游为高山峡谷深切河谷区，新构造运动强烈、岩体破碎、斜坡高陡，高位崩塌、危岩、泥石流发育。加之，高山峡谷深切峡谷区城镇土地资源紧张，雅江县依山傍水修建，切割斜坡坡脚修建房屋、公路，扰动斜坡，造成城镇后山斜坡稳定性差。斜坡地质灾害易发，在降雨、地震等作用下往往造成大规模的地质灾害、造成严重的经济财产损失。

（1）孕灾地质环境条件差。雅江县县城后山地质灾害隐患主要包括10处危岩带和1处泥石流。地质灾害发育所在斜坡高陡，分布高程为2673～2914m，自然坡坡度为50°～70°；地层岩性主要为绢云母板岩，受强烈新构造运动及深切河谷卸荷应力改变，岩体节理裂隙发育、岩体破碎。

（2）隐患点多、类型多、分布范围广。后山斜坡地质灾害隐患分布在面积为0.51km²的10处危岩带、8处体积较大的危岩体，总体积为2.54m³，分布在1.72km²的高陡斜坡体上，坡脚为人类居住和交通繁忙的道路。给勘察、施工的安全性造成了较大的困扰。

（3）斜坡地形地貌与岩体结构复杂，潜在失稳危岩规模、形状、稳定性主控因素、崩落运动路径复杂，对准确分析危岩的稳定性、崩落路径、治理工程设计、施工组织造成较大的困难。

（4）该隐患点孕灾地质环境条件脆弱、人类工程活动强烈、地质灾害隐患形成－灾变机理复杂、地质灾害点多面广、防治设计及施工难度大。治理工程的成功实施从勘察－设计－施工－维护角度为类似的治理工程提供了参考。

2）施工布置

主要施工条件：①交通条件，施工材料及机械借道国道318和县级公路运至斜坡坡脚，采用骡子二次转运至施工区；②供水与供电，采用下方居民饮用水，利用当地电力，将电源引到工地，长度约0.6km；③征地与青苗补偿共计2.5亩；④施工中形成的弃渣应与当地政府协商，可运至县城外弃土场，弃渣外运距离约4km；⑤治理工程施工可能所需的主要建筑材料为水泥、砂、砂卵石和防护网，从康定县城购买，由汽车运输至工地内，运距为140km，防护网需从成都运输，运距为500km，需采用骡子二次转运材料至施工区。

主要施工内容：危岩清除、主动防护网和被动防护网施工、大规模危岩体点锚施工、泥石流谷坊坝施工等工程内容（图4.12）。

主要施工工序：主动防护网＋被动防护网＋谷坊坝＋点锚＋清危工程＋监测，根据本工程特点，支挡工程和清危工程可以同时施工（图4.12）。

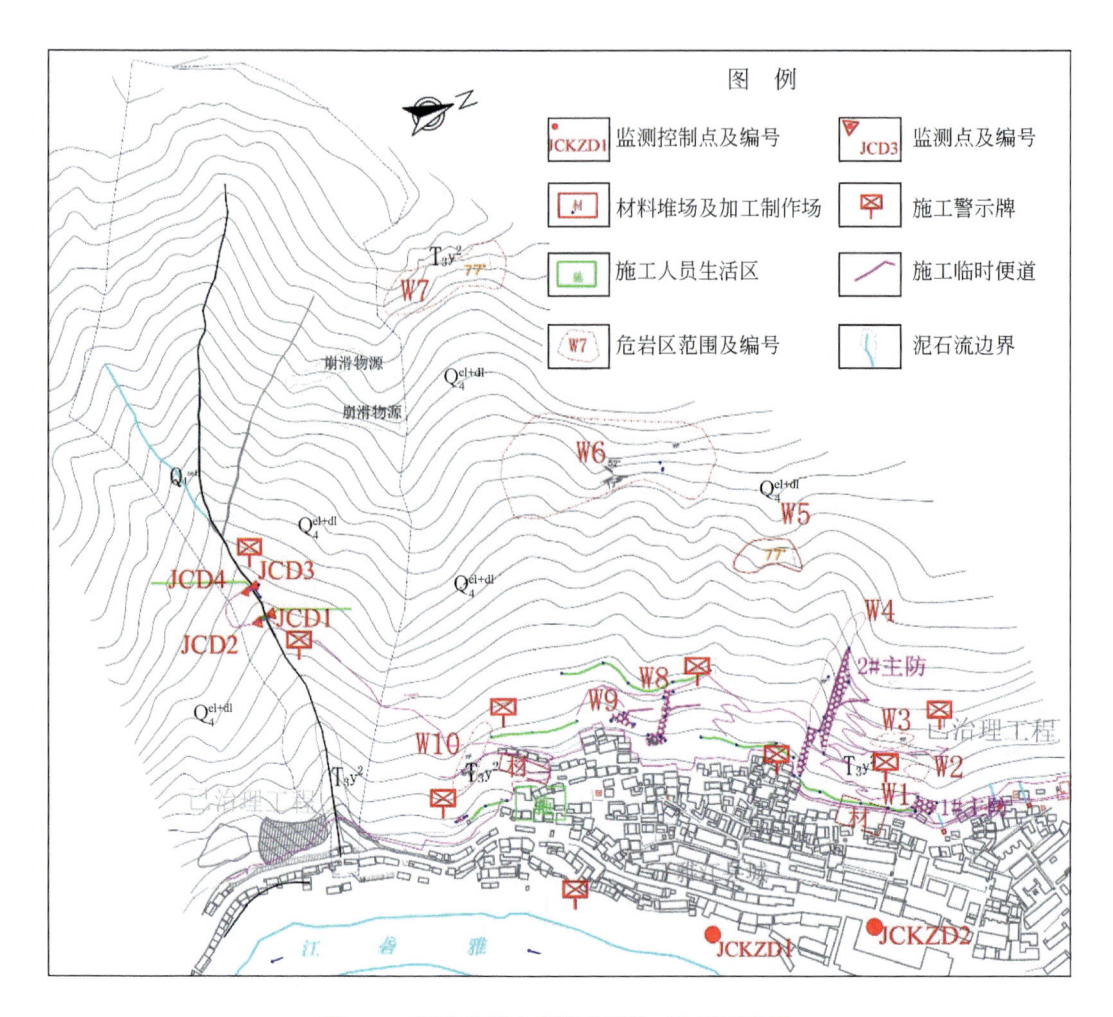

图 4.12 城北地质灾害隐患区施工布置示意图

4.3.6 技术创新与经验

（1）对在深切河谷重点城区或乡镇的后山斜坡发育的崩塌、危岩、泥石流等不良地质体进行综合治理。对单一灾种分项开展防治治理，多次修建施工场地、施工便道、脚手架工程。综合治理可以节约治理工程时间和治理工程成本，并且避免多次产生对周边生态环境的破坏和对居民正常生活的干扰。

（2）对重要场镇高陡斜坡进行分区精细化勘察，对危岩体的形成机制、破坏模式、运动路径进行综合研究，并针对性地对各危岩带采取多种工程治理措施进行综合治理。

（3）对在重要场镇高陡斜坡发育的坡降较大的泥石流的勘察、设计和施工等进行了探索，丰富了对典型区域、典型地质灾害的治理措施、施工方法。

（4）难点是深切河谷重点场镇的周边地质灾害综合治理的投资较大、工期较长，涉及的居民聚居地及公共场所较多。因此，工程立项、多灾种治理措施技术要求高，施工组织困难。

4.4 案例4：九寨沟县漳扎镇牙扎沟泥石流治理工程

4.4.1 隐患点概况

牙扎沟流域地貌类型属构造侵蚀中山地貌，地势西北高、东南低，流域面积为42.6km²，主沟长约10.1km，流域内最高点位于北西侧，海拔约4204m，最低点位于东南侧主沟与白水江交汇口处，海拔约1900m，中游和上游的海拔达800～1400m，最大高差为2339m，平均沟床纵坡比降为219‰。牙扎沟流域由两条较大的支沟组成，主要威胁沟口居民、游客的生命财产安全，以及沟口九寨沟景区车辆修理厂厂房、九环公路等基础设施（图4.13）。

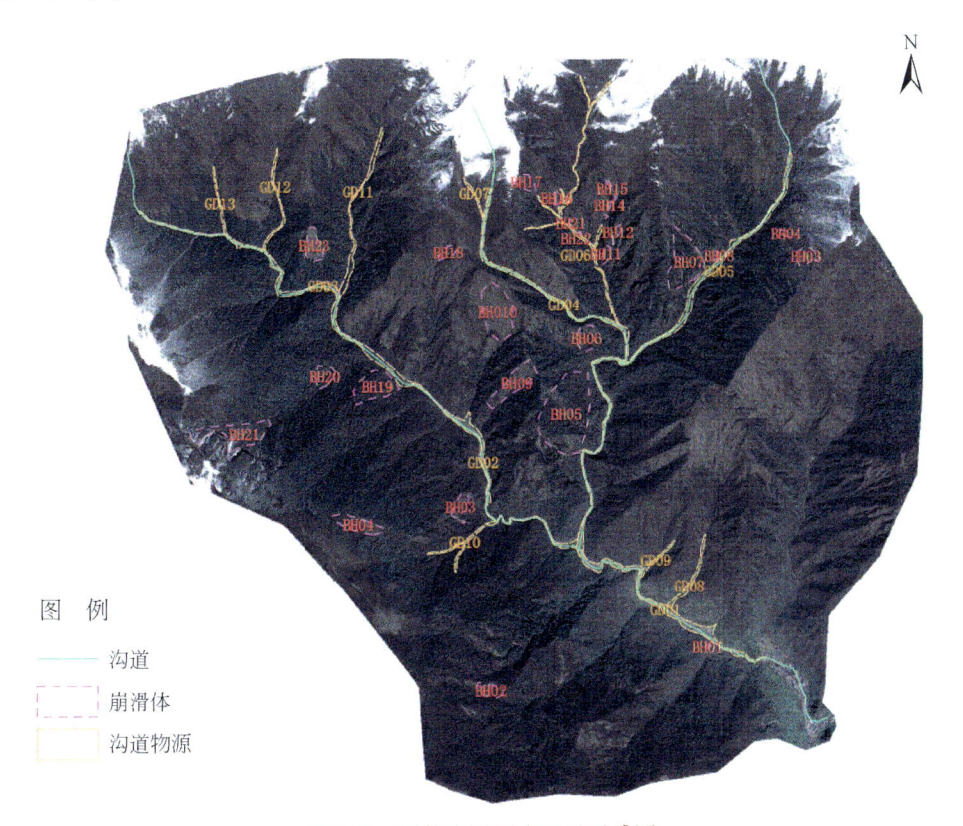

图4.13 牙扎沟泥石流卫星遥感图

（1）左支沟徐家沟：该沟流域面积为14.9km²，最高点海拔为4204m，最低点海拔为2320m，相对高差约1884m，沟床长度约6.9km，平均沟床纵坡比降为273‰，形态上呈"U"形，沟道平均宽度为20m，局部可达150m，岸坡坡度一般在40°以上，局部近直立。两支沟间为一较陡的坡地。

（2）右支沟磨子沟：该沟流域面积为11.8km²，最高点海拔为4078m，最低点海拔为2320m，沟长约5.7km，平均沟床纵坡比降为260.3‰，水流对沟道侵蚀强烈，形态上呈"V"形，岸坡坡度一般在50°以上，沟道平均宽度为3m，局部可达20m。

4.4.2　工程概况

泥石流治理方案：拦挡坝+谷坊坝+导流槽修复（表4.15）。

表4.15　县城后山泥石流治理工程及工作量

拦沙坝编号	有效坝高/m	回淤长度/m	库容/m³	固床物源量/m³	合计稳拦物源量/m³
4#缝隙坝	8	207.3	45000	30000	75000
5#缝隙坝	11	188.7	66300	15000	81300
合计	—	—	111300	45000	156300

4.4.3　灾害成因机理分析

1. 泥石流物源特征

"5·12"汶川地震和"4·20"芦山地震前，牙扎沟植被覆盖率较高，沟内生态环境较好，森林覆盖率达70%～80%，据现场走访调查，主沟上游段（磨子沟）狭窄，呈"V"形，纵坡陡，沟道下蚀揭底能力较强，强烈的下蚀引发松散的沟岸堆积物垮塌，形成泥石流的主要启动物源。徐家沟沟道较宽，沟道形态以"U"形为主，沟道的侵蚀方式以侧蚀为主、下蚀为辅，泥石流补给物以两岸崩坡积物及沟床冲、洪积物为主。

"5·12"汶川地震和"4·20"芦山地震后，该流域内发现大量新的崩塌及滑坡，泥石流物源主要为崩滑堆积物源、沟床堆积物源及坡面侵蚀物源（图4.14、图4.15）。尤其是沟道两岸的坡体物质在地震的强烈作用下，土体松动，在暴雨径流及冲刷下，易垮塌，为泥石流的形成提供物源，泥石流的发生主要是沟床下切加剧、两侧崩坡积物质垮塌的结果。

图 4.14　沟道堆积物源　　　　　　　　图 4.15　泥石流支沟物源

多次地震扰动对沟谷两岸的岸坡及其上覆的覆盖层产生了强烈的影响，2017年通过现场人工调查和高分卫星影像分析，确定流通区内形成共54处固体物源（图4.16），其中崩滑堆积物源36处，沟道物源13处（图4.14），泥石流支沟5处（图4.13）。震后牙扎沟流域内松散固体物源方量约 $558×10^4 m^3$，可能参与泥石流活动的物源主要有沟内松散堆积物和崩塌堆积体，动储量约 $127.9×10^4 m^3$。

2. 泥石流分区特征

牙扎沟泥石流流域可划分为形成区、流通区、堆积区3个区域。其中，堆积区按高程和堆积位置可主要分为第一堆积区、第二堆积区和第三堆积区；流通区按照高程和冲淤特征可分为第一侵蚀区、第二侵蚀区和第三侵蚀区。牙扎沟泥石流流域分区图见图4.16，流域主沟纵剖面图见图4.17。

1）流通区特征

流通区域沟道呈典型的"V"形，沟道两岸小冲沟发育，形如叶脉，地形起伏大，上游沟床底部基岩出露，两侧山坡坡度大多为25°～60°，该区沟段表现为水流强烈的下切侵蚀作用，为泥石流主要物源及流通区。沟床及两侧边坡土体主要为崩塌堆积，含碎石粉质黏土、碎块石，土体较松散。

（1）第一侵蚀区：从海拔2250m到海拔3500m范围内的沟道，平面形态呈树叶状，山洪泥石流汇流速度较快，该区域主沟平均纵坡比降为312.9‰，沟床普遍下切约1.5m，最大切割深度达2m，最小切割深度约0.5m，局部岸坡基岩裸露，植被覆盖率约45%，上部沟道深窄，最深的地方可达10m。

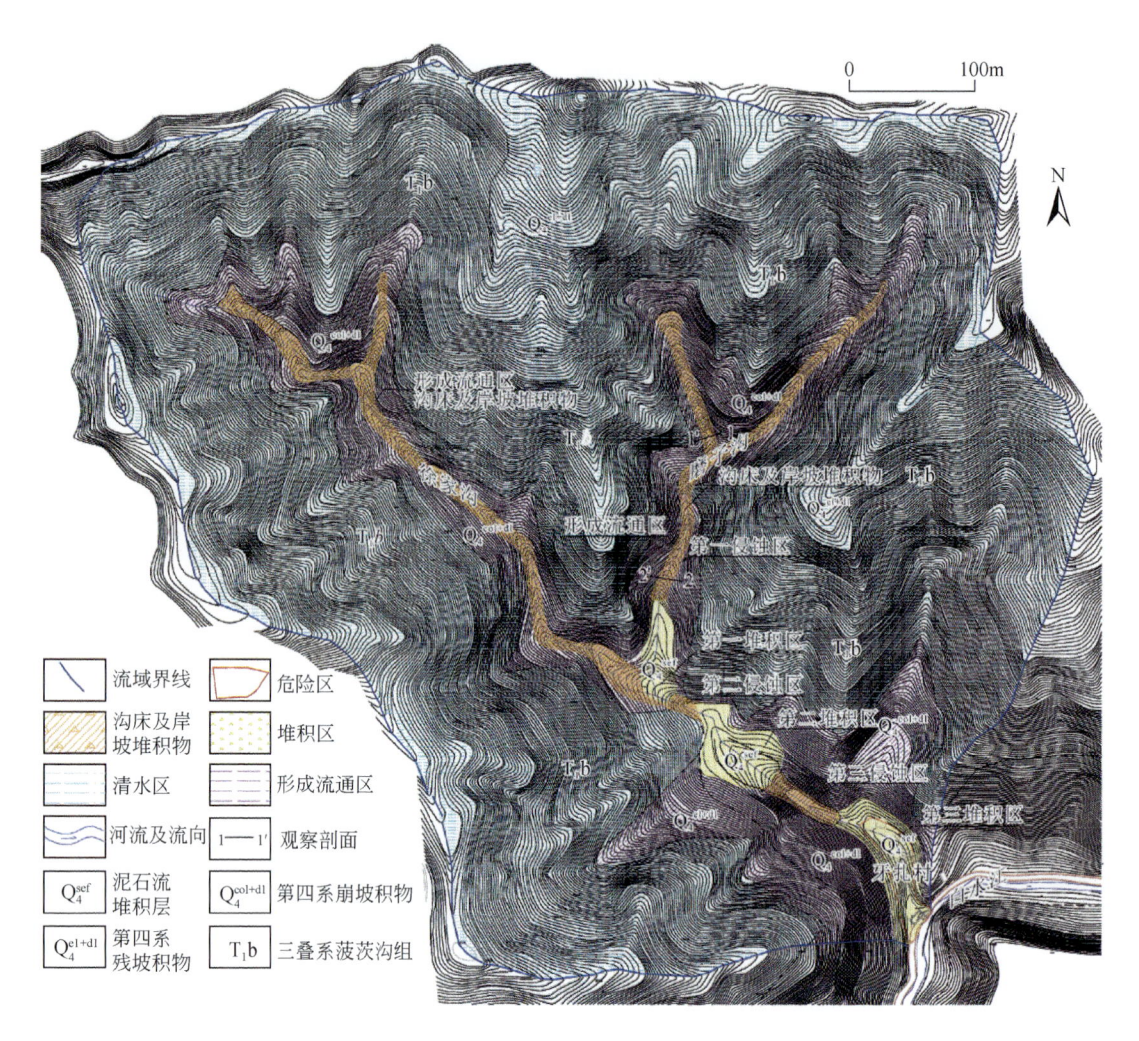

图 4.16　牙扎沟流域分区图

（2）第二侵蚀区：从海拔 2050m 到海拔 2130m 范围内的沟道，平面形态呈树叶状，山洪泥石流汇流速度较快，该区域主沟平均纵坡比降为 145.8‰，沟床下切平均深度约 1.0m，上部地段局部深切达 1.5m，最小切割深度约 0.4m，局部岸坡基岩裸露，植被覆盖率约 30%，上部沟道深窄，最深的地方可达 5m。

（3）第三侵蚀区：从海拔 1940m 到海拔 2000m 范围内的沟道，平面形态呈树叶状，山洪泥石流汇流速度较快，主沟平均纵坡比降为 140.6‰，局部岸坡基岩裸露，植被覆盖率约 20%，上部沟道深窄，最深的地方可达 3m。

2）堆积区特征

流域中上游固体物质被大量侵蚀、搬运至该区域内，在中下游形成 3 处带状堆积区，

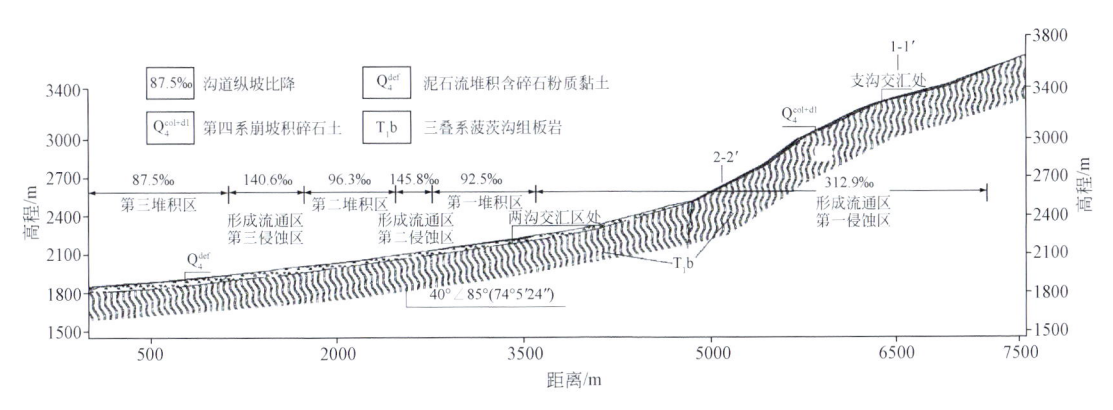

图4.17 牙扎沟流域主沟纵剖面图

堆积体主要为含碎块石土，其中碎块石母岩主要成分为变质砂岩及灰岩，棱角-次棱角状，中等-微风化，碎石粒径多为6～15cm，块石粒径一般为30～50cm，结构为松散-稍密，下部颗粒平均粒径明显大于上部颗粒的粒径。

（1）第一堆积区：从海拔2130m到2250m范围内的沟道，该区域主沟平均纵坡比降为92.5‰，该区域沟底宽度为90～150m。

（2）第二堆积区：从海拔2000m到2050m范围内的沟道，该区域主沟平均纵坡比降为96.3‰，该区域沟底宽度为100～120m。

（3）第三堆积区：沟口到海拔1940m范围内的沟道，该区域主沟平均纵坡比降为87.5‰，堆积区域面积较大，沿白水江左岸呈弧形分布。

3. 泥石流活动特征

震后牙扎沟共发生5次泥石流灾害，分别为2008年8月发生的一次大规模泥石流、2009年8月在徐家沟发生的一次小规模泥石流、2010年8月发生过的两次大型泥石流以及2014年7月29日发生的泥石流。2008年、2010年和2014年牙扎沟泥石流灾害在3个堆积区的堆积方量统计结果见表4.16。

表4.16 2008年、2010年、2014年牙扎沟泥石流堆积区堆积方量统计

时间	第一堆积区	第二堆积区	第三堆积区	总量
2008年	堆积面积约$1.3 \times 10^4 m^2$，堆积方量约$2.0 \times 10^4 m^3$	堆积面积约$2.6 \times 10^4 m^2$，堆积方量约$2.6 \times 10^4 m^3$	堆积面积约$1.6 \times 10^4 m^2$，堆积方量约$2.2 \times 10^4 m^3$	泥石流堆积总量约$8.8 \times 10^4 m^3$
2010年	堆积面积约$1.9 \times 10^4 m^2$，堆积方量约$1.9 \times 10^4 m^3$	堆积面积约$2.0 \times 10^4 m^2$，堆积方量约$2.0 \times 10^4 m^3$	堆积面积约$1.2 \times 10^4 m^2$，堆积方量约$1.8 \times 10^4 m^3$	泥石流堆积总量约$5.7 \times 10^4 m^3$
2014年	堆积面积约$7.0 \times 10^2 m^2$，堆积方量约$1.4 \times 10^2 m^3$	堆积面积约$2.1 \times 10^4 m^2$，堆积方量约$5.3 \times 10^4 m^3$	堆积面积约$1.1 \times 10^4 m^2$，堆积方量约$2.1 \times 10^4 m^3$	泥石流堆积总量约$6.8 \times 10^4 m^3$

（1）2008年8月20日22时左右，持续了30min特大暴雨（推断雨强度相当于50年一遇），诱发了牙扎沟最大规模的泥石流。该泥石流是由上游支沟（磨子沟）内山坡松散固体物质在雨水浸泡下形成饱和土体而引发的，并在中游位置得到沟床及其两侧固体物质不断的补给，泥石流规模不断加大。泥石流在村寨房屋的冲起高度达到3.0m，整个泥石流持续时间达1h10min，2008年泥石流堆积固体物质约$8.8 \times 10^4 m^3$（表4.16），导致3人死亡、9余人受伤，损坏房屋若干间，破坏农田超过500余亩，造成较大的损失，危害性巨大。

（2）2009年8月徐家沟上游发生一次泥石流，未造成人员伤亡和财产损失，泥石流在徐家沟上游宽缓、平坦区域堆积下来，总方量约$6 \times 10^3 m^3$，泥石流浆体侵蚀深度约0.5m。

（3）2010年8月13日凌晨2时，牙扎沟上游出现强降雨，发生泥石流灾害，泥石流持续了约30min，浆体较浓仅高出村寨排导槽。4时30分左右，村寨位置出现大雨到大暴雨，5时左右即发生更大的泥石流，浆体变稀冲进居民房屋，总共持续了2h30min左右。

（4）2010年8月19日九寨沟县漳扎镇普降大雨，牙扎沟泥石流规模较小、浓度较低，泥石流固体物质主要来源于沟床边岸坍塌，携带固体物质较少，基本表现为挟沙水流的形式。

（5）2014年7月29日下午，牙扎沟内突降暴雨，爆发大规模泥石流，沿沟上游至1#拦沙坝以上形成条带状堆积体长1800余米，平均宽度为17～45m，在徐家沟和磨子沟交汇处堆积宽度达75m，厚度为0.5～3m，已有治理工程1#、2#、3#拦沙坝淤满，排导槽淤积大量泥石流物源（图4.18、图4.19），方量约$7.4 \times 10^4 m^3$，既有泥石流地质灾害治理工程拦挡坝发挥了一定工程效应，有效拦储了大量泥石流物源，降低了地质灾害造成的损失。

图4.18 谷坊坝淤满　　　　　　图4.19 排导槽底部掏蚀

4. 泥石流成灾模式

1）成灾原因分析

（1）物源丰富，极易成灾。

牙扎沟泥石流治理工程位于四川省阿坝州九寨沟县漳扎镇，"5·12"汶川地震和"4·20"芦山地震后，该流域内发现大量新的崩塌及滑坡，泥石流物源主要为崩滑堆积物源、沟床堆积物源和坡面侵蚀物源，该区域新构造运动强烈，物源丰富，降雨条件下极易诱发大规模泥石流。牙扎沟泥石流整体属于暴雨类–沟谷型–黏性–大规模–泥石型泥石流，其中支沟徐家沟以稀性泥石流或水石流为主。

（2）高陡地貌，破坏性强。

牙扎沟流域形成区地形高陡，河谷深切，汇水面积大，两岸岸坡坡度一般在30°以上，呈典型"V"形沟道，高陡的地形地貌有利于地表径流的迅速汇集，为突然暴发大规模的泥石流提供必要条件。此外，巨大的相对高差和陡峭的沟道纵坡使得从上游冲出的洪流具有较大的势能和速度，洪流对沟道内松散固体物质和岸坡的冲刷侵蚀强烈，故在较短时间内能形成较大规模泥石流，并携带大量的固体物质冲出。

（3）短时强降雨，突发性强。

通过前文对泥石流历史活动特征的分析，可以发现泥石流暴发时间多在夜间，且多由流域上游出现的1h左右短时强降雨诱发，与"5·12"汶川地震震后三大片区的泥石流发生条件相似。通过对牙扎沟震后几次典型泥石流的降雨数据分析，震后降雨触发泥石流的阈值明显降低，如2008年8月20日泥石流暴发时1h降雨强度为14.6mm，2010年8月13日泥石流暴发时1h降雨强度为13.5mm，2014年7月29日泥石流暴发时1h降雨强度为11.3mm。而随着灾后稳定性较差的崩滑堆积物源的减少和防灾治理工程的修复，流域内崩滑体稳定性一定程度上有所提高，降雨触发泥石流灾害的临界值亦有所提升。

2）成灾模式分析

牙扎沟泥石流灾害类型为沟谷侵蚀型，固体物源主要来自沟谷中上游汇水区的松散堆积物以及两侧的崩滑堆积物，其特征是流域汇水面积较大、高陡地貌下势能大、破坏能力较强、震后物源松散、降雨阈值低。

牙扎沟泥石流的形成过程：在降雨条件下形成的洪水冲击作用下，流域中上游第一侵蚀区的沟道不断发生下切，进一步产生溯源侵蚀，在下切侵蚀沟道的过程中不断侧蚀和切割沟岸岸坡，使得沟岸岸坡呈"手术刀"式垮塌破坏，进而逐渐形成顺沟的"拉槽"，沿洪水进程不断添加的物质导致沟道不断扩宽和切深。同时，大颗粒的泥石流物源侧蚀两侧边坡坡脚，造成边坡失稳，崩塌体成为泥石流的主要补给源，由于流域中上游沟床纵坡较陡，沟床堆积物较松散，且粒径较大，如果遭遇大暴雨，沟床水动力条件将大大提高，裹挟大量沟床堆积物形成大规模的泥石流，造成巨大的危害。

牙扎沟泥石流的成因模式：多期地震导致土体松散、物源增多→沟谷两侧形成崩滑堆积物→短时降雨，土体渗流、径流→岩土体饱水→沟道拉槽切割→溯源侵蚀、冲刷掏蚀→岸坡侧蚀坍塌，物源补给→悬移滚动→形成黏性泥石流，冲击堆积。

4.4.4 工程设计和施工

1. 治理思路

针对牙扎沟泥石流物源点多、上游沟道狭窄、下游排导能力不足和潜在块石搬运成灾等特点，采用"以拦为主、拦排结合"的方式进行治理工程设计，在主沟磨子沟布置2座缝隙拦沙坝，新建1#谷坊坝，并对主沟下段损毁严重的排导槽进行全面的修复加固。2座缝隙拦沙坝可以拦挡约40%的泥石流冲出物源，其余靠排导槽排导。

2. 设计方案

1）拦沙坝设计

新建的4#拦沙坝位于前期已建3#坝后，新建的5#拦沙坝位于两沟交汇处，横断面呈梯形布置，各拦沙坝尺寸见表4.17和图4.20。

表 4.17 拦沙坝设计参数表

编号	坝高/m	有效坝高/m	基础埋深/m	坝顶长度/m	坝顶厚度/m	坝基宽度/m	迎水坡坡比	背水坡坡比
新建4#拦沙坝	10.5	8.0	3.0	106.17	2.0	9.85	1∶0.6	1∶0.1
新建5#拦沙坝	14.0	11.0	3.5	74.6	2.5	12.2	1∶0.6	1∶0.1

通过对坝的回淤库容和防止沟床揭底冲刷所减少的物源量的统计，谷坊坝总计减少物源量为 $15.63 \times 10^4 m^3$（表4.18），约占动储量的12.2%，超过20年一遇泥石流的固体冲出量（$8.7 \times 10^3 m^3$）。

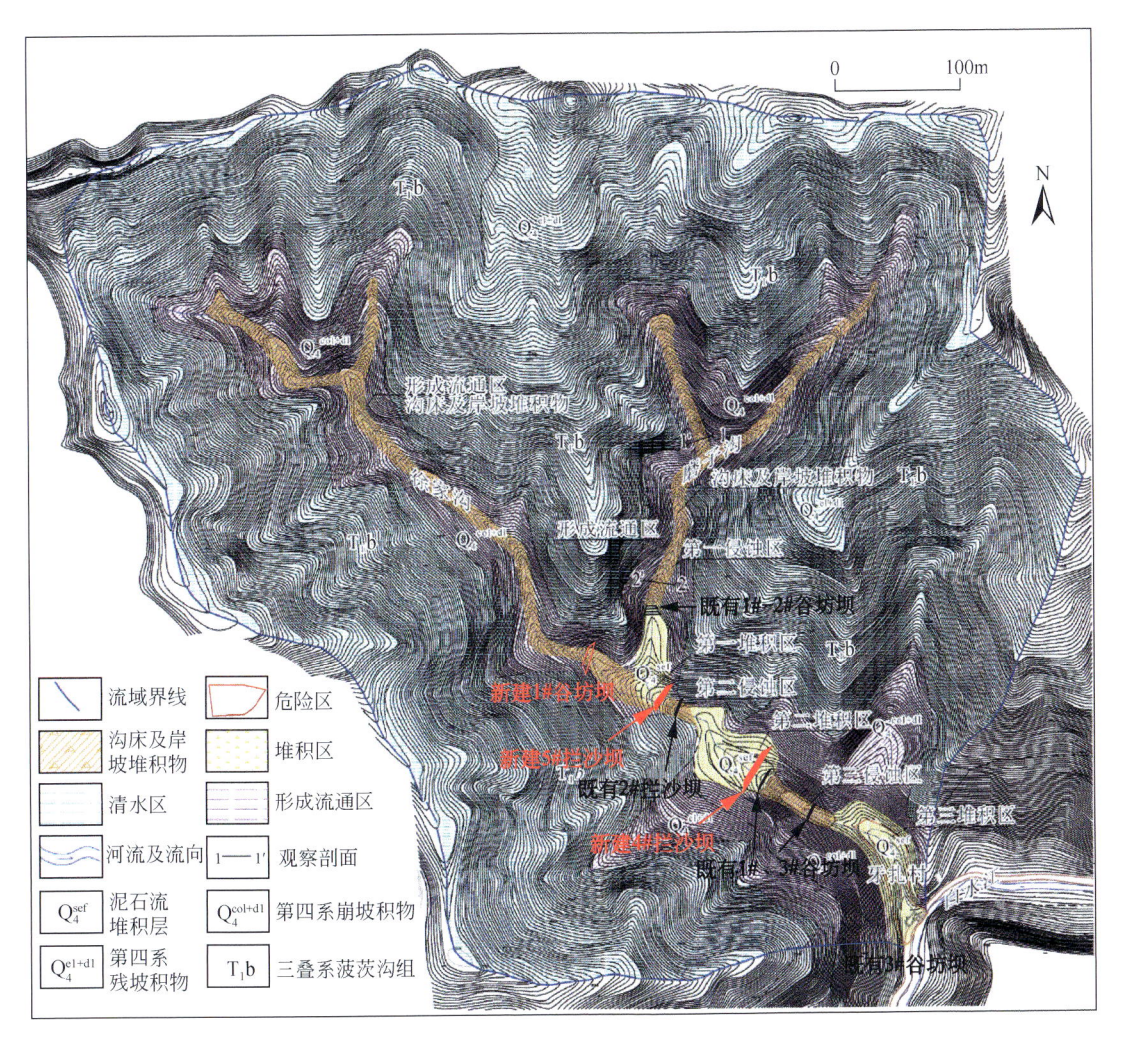

图 4.20 治理工程位置图

表 4.18 拦沙坝稳拦物源能力一览表

编号	有效坝高 /m	回淤长度 /m	库容 /10^4m^3	固床物源量 /10^4m^3	合计稳拦物源量 /10^4m^3
新建 4# 拦沙坝	8.0	207.3	4.5	3.0	7.5
新建 5# 拦沙坝	11.0	188.7	6.63	1.5	8.13

2）排导槽设计

牙扎沟泥石流主沟排导槽的通过流量是按 20 年一遇泥石流进行设计、按 50 年一遇泥石流进行校核。考虑上游设计有 2 座新建的高缝隙坝及 3 座既有小型拦沙坝，固体物质经拦截后，运移至排导槽的泥石流容重及含量均会有一定的减小，但高于高含沙水流，故排导槽设计的过流容重为 14.81kN/m^3，泥沙系数 $1+\varphi$=1.435，泥沙运动修正系数 1/

a=0.682，排导槽设计过流流量计算结果见表 4.19。

表 4.19　排导槽设计过流流量计算表

类型	设计泥石流流量（Q_c）/(m³/s)			清水流量（Q_B）/(m³/s)			产流系数（i）	1+φ
	5%	2%	1%	5%	2%	1%		
排导槽	114.9	141.2	162	80.10	98.40	112.90	0.3	1.435

同时，为节约工程造价，充分利用既有排导槽断面（既有排导槽过流断面为矩形），使用原 M10 浆砌石结构对损毁段进行维修加高，对典型弯道处进行加肋处理，槽底设 80cm 厚的 C20 混凝土铺底。

3. 监测方案

治理工程监测点施测等级按《工程测量标准》（GB 50026—2020）中"水工建筑物变形监测"精度执行，采用全站仪极坐标法进行地表位移监测，以 2019 年施工的新建 4#、5# 拦沙坝及徐家沟新建的 1# 谷坊坝为治理工程变形监测对象，共布设 8 个监测点，并分别在两沟交汇处和新建 4# 拦沙坝上游两侧山体稳定区域布设 4 个监测基准点，如图 4.21 和图 4.22 所示。

监测方式如下，以各变形监测点的零周期为初始值，定期采集、监测变形观测数据，及时计算变形监测点的坐标及高程，并对比得到变形观测点各周期的坐标值相对于初始值的差，获取变形观测点各周期的水平位移量。

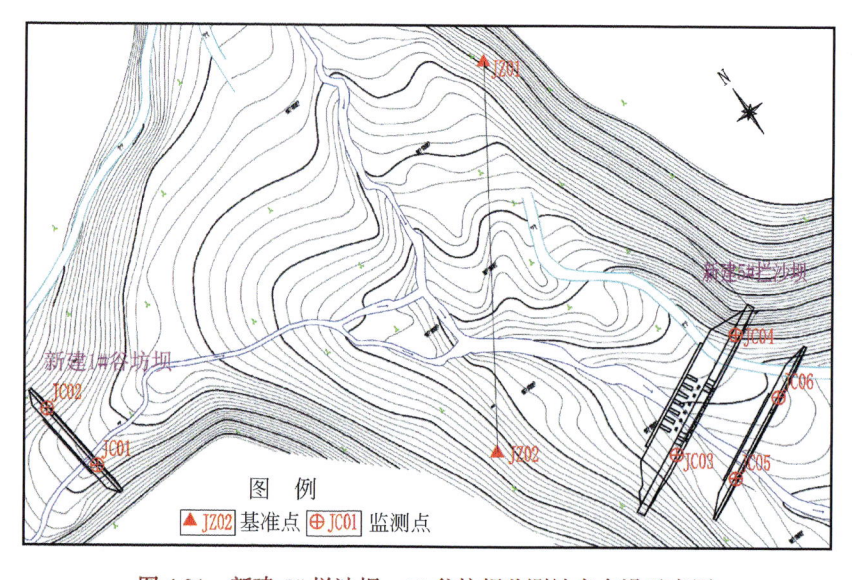

图 4.21　新建 5# 拦沙坝、1# 谷坊坝监测站点布设示意图

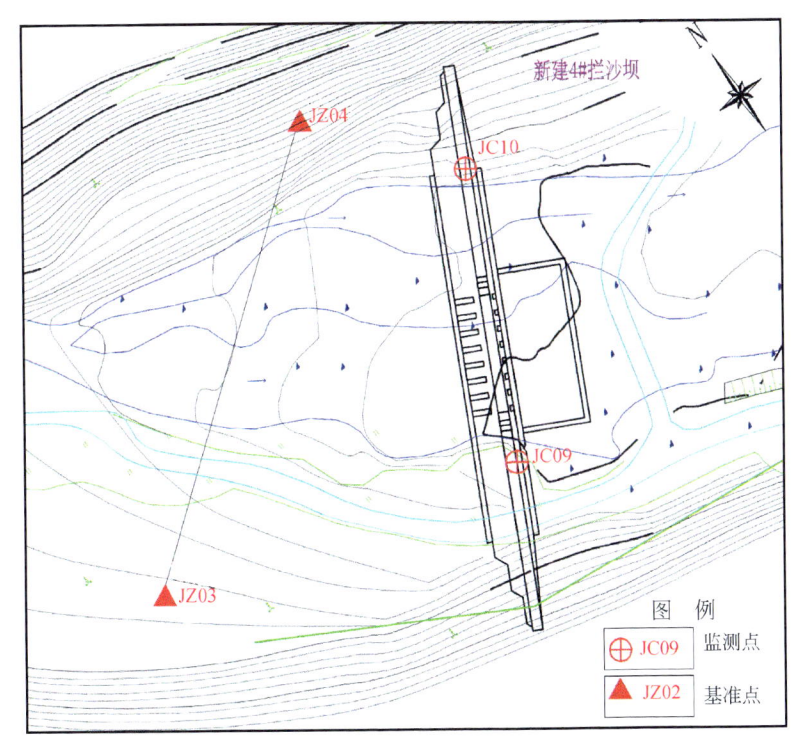

图 4.22　新建 4#拦沙坝监测站点布设图

4. 监测成果

九寨沟县漳扎镇牙扎沟泥石流治理工程共 8 个监测点，2020 年 8 月 1 日至 2021 年 8 月 1 日，累计 16 次观测表明，泥石流治理工程拦挡坝、防护堤监测点的最大位移为 3.3mm，最小位移为 0.2mm，沉降最大达 2.4mm。各监测点位移曲线呈收敛状态（图 4.23、图 4.24）。

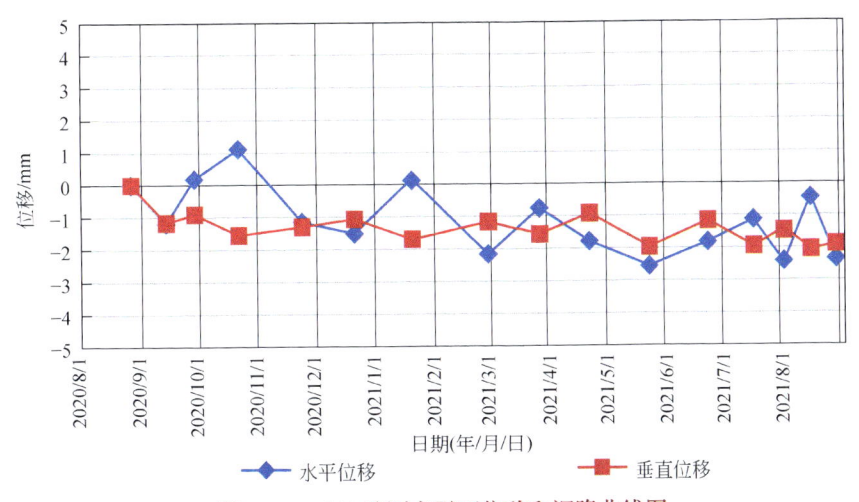

图 4.23　JC01 监测点平面位移和沉降曲线图

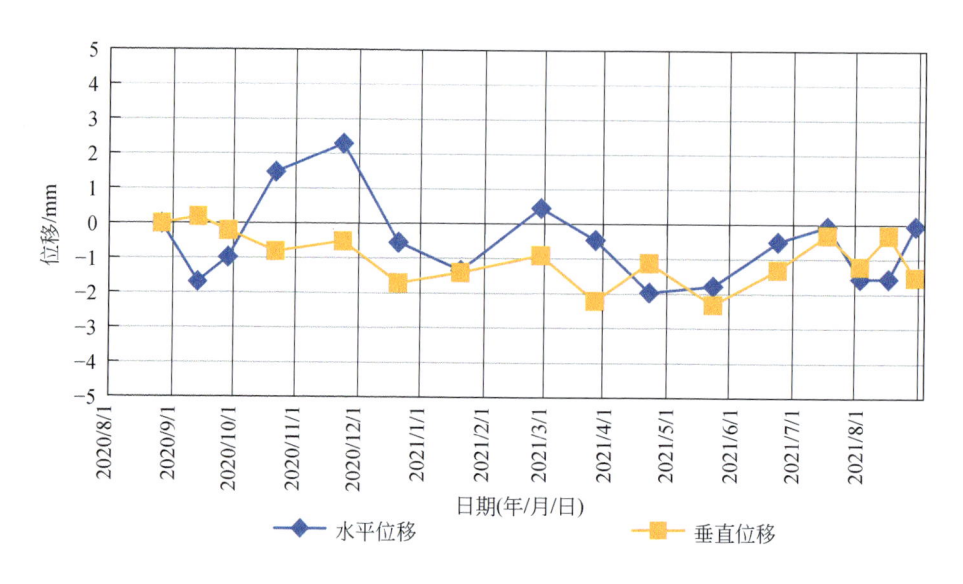

图 4.24　JC06 监测点平面位移和沉降曲线图

4.4.5　工程评价及效益分析

九寨沟县漳扎镇牙扎沟泥石流治理工程监测曲线表明，各监测点监测数据累计位移量均很小，最大位移为 3.3mm，最大累计沉降为 2.4mm，所有监测点的位移曲线呈收敛状态，监测周期内的位移变形速率均远远小于《滑坡、崩塌、泥石流监测规范》（DZ/T 0221—2006）中规定的最低级别，基本处于稳定状态。

治理工程运行后，新建 5# 拦沙坝受 2020 年 8 月底大暴雨影响，坝前淤积严重，2021 年 5 月进行了清淤工作，拦沙坝及副坝结构完好。新建 4# 拦沙坝也受到 2020 年 8 月底大暴雨的影响，但上游新建 5# 拦沙坝及前期治理工程拦截之后，新建 4# 拦沙坝坝前无淤积，拦沙坝结构也完好。支沟新建 1# 谷坊坝无大量淤积，谷坊坝结构完好。整体治理工程运行良好，有效保护了受威胁群众的生命财产安全。

1. 社会效益

本项泥石流防治工程的实施，最大限度地减小了泥石流灾害造成的人民生命财产损失，提高全民防灾意识，增强公众保护环境的参与意识。同时，此项工程注重灾情信息的全方位、及时监测和预报，保证了防治区内人民群众安居乐业，维护了社会生产、生活秩序，提高了防灾和灾后的社会、经济效益。

降雨工况下极易诱发特大型泥石流发生，直接威胁沟口 85 户居民、约 420 人与近

2000 名游客的生命财产安全以及沟口九寨沟景区车辆修理厂厂房、九环公路等基础设施，受威胁房屋面积约 $4.0 \times 10^4 m^2$，受威胁资产达 5000 万元以上。

2. 经济效益

牙扎沟泥石流前期具有周期性、突发性和强破坏性，对 85 户居民房屋以及沟口九寨沟景区车辆修理厂厂房、九环公路等基础设施，受威胁房屋面积约 $4.0 \times 10^4 m^2$，受威胁资产达 5000 万元以上。此项工程的实施一方面保护了居民和景区的财产安全，有利于促进九寨沟县经济的发展；另一方面，实施工程建设时，当地群众通过投工投劳参加工程建设，可增加当地群众的直接经济收入。总体而言，此项治理工程的实施对有利的保护当地经济发展，经济效益较好。

3. 生态效益

牙扎沟泥石流防治工程的实施，通过全流域治理、种草、种树等生物措施，在改善防治区生态环境现状，减少水土流失，遏制生态环境恶化，维持生物多样性，防治泥石流、滑坡及崩塌危害的发生等方面将发挥积极作用，对保护生态环境起到十分重要的作用，可改善区域小气候，形成一个良好的生态循环体系，使生态环境得到综合改善，从而达到环境建设与经济建设同步协调发展的目的，坚持可持续发展战略，推进生态文明建设。

4.5 案例5：炉霍县多条泥石流沟道治理工程

4.5.1 隐患点概况

炉霍县位于甘孜藏族自治州中北部（康北），东接道孚县，西北与甘孜县相邻，西南与新龙县接壤，北面毗邻色达县，东北则与阿坝州的壤塘、金川两县相邻。317 国道从东南至西北贯通全境，历为去藏抵青之要衢和茶马古道之重镇。炉霍县是康北中心，交通要地，属半农半牧区。

工程区位于四川省炉霍县上罗科马镇场镇周边，最低海拔为 3440m。通过 317 国道、乡道及村道可直达勘查区各灾害点，交通较为便利。

该工程项目的治理对象为炉霍县上罗科马镇场镇周边的地质灾害，包括 4 处地质灾害点，分别是位于罗柯河左、右两岸的沙冲沟泥石流、林场沟泥石流、喇嘛沟泥石流和加依达牧民安置点不稳定斜坡。其中，沙冲沟泥石流、加依达牧民安置点不稳定斜坡位于罗柯河右岸；林场沟泥石流、喇嘛沟泥石流位于罗柯河左岸（图4.25）。

沙冲沟泥石流位于最北侧，沟口坐标为东经100°45′39.9″，北纬31°35′37.1″，沟长约2.95km，沟域面积为3.5km²；沙冲沟沟口右岸为加依达牧民安置点不稳定斜坡，前缘中心坐标为东经100°45′34.4″，北纬31°35′27.6″，不稳定斜坡长约200m，宽约500m，厚度为5～6m，方量为$50×10^4 m^3$；加依达牧民安置点不稳定斜坡对岸下游500m为喇嘛沟泥石流，沟口坐标为东经100°45′31.82″，北纬31°35′6.3″，沟长约7.2km，沟域面积为29.5km²；林场沟泥石流紧邻喇嘛沟，沟口坐标为东经100°45′11.3″，北纬31°34′51.7″，沟长约3.85km，沟域面积为3.7km²。

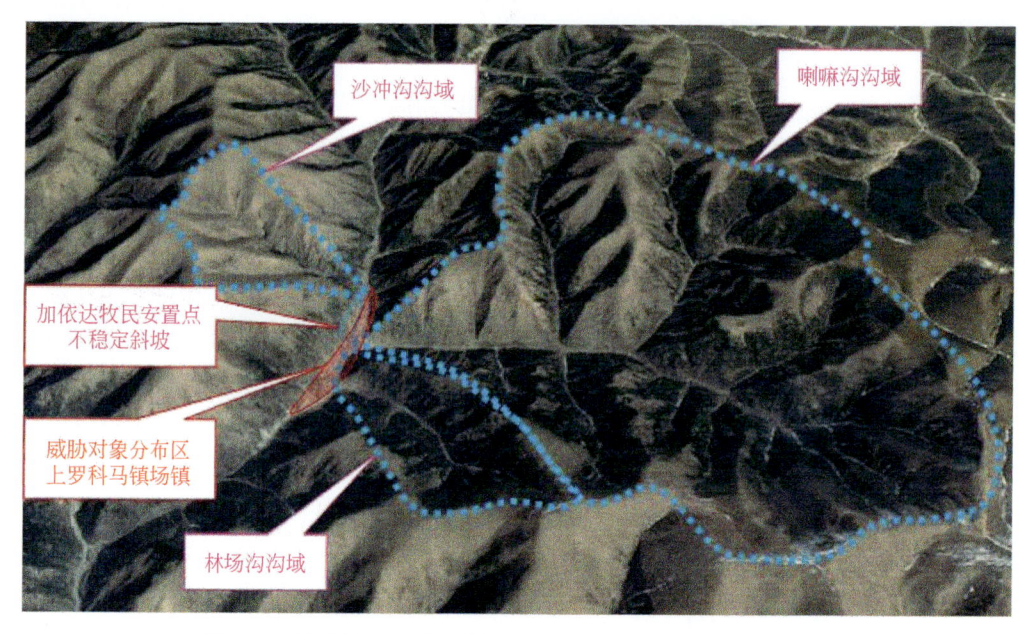

图4.25 炉霍县上罗科马镇场镇周边4处地质灾害位置关系图

4.5.2 防治工程概况

根据野外现场踏勘调查，炉霍县上罗科马镇场镇周边地质灾害（沙冲沟泥石流、林场沟泥石流、喇嘛沟泥石流和加依达牧民安置点不稳定斜坡）中喇嘛沟泥石流和加依达牧民安置点不稳定斜坡已开展部分工程治理工作，其余地质灾害隐患点均未开展工程治理工程。

1. 喇嘛沟泥石流

喇嘛沟泥石流已开展的治理工程布置如下。

喇嘛沟泥石流由水利部门在沟口左右两岸修建了两段长度分别为331m和318m的单边防护堤工程。设计单边防护堤高为1.0m，其中基础埋深为0.5m、宽度为0.5m，堤身采用浆砌块石结构。经现场调查，已建防护堤工程外观完整，无明显破损（图4.26）。

图 4.26 喇嘛沟沟口防护堤工程

2. 加依达牧民安置点不稳定斜坡

1）已有防护工程概述

加依达牧民安置点不稳定斜坡目前本身无针对性防治工程，但紧邻不稳定斜坡右边界为加依达泥石流治理工程。成都理工学院东方岩土工程勘察公司于2014年9月底通过该泥石流勘查成果审查，2015年2月完成施工图设计工作，防治工程设计方案为：护脚墙＋排导槽＋过流涵洞（图4.27）。

（1）护脚墙工程：在沟道中上部设置护脚墙，起到固源反压作用，防止两侧岸坡被进一步掏蚀、冲刷。该护脚墙呈"皿"字形，中间段长度为15.4m，两侧长度分别为8m和9m，断面形态采用内直外斜的挡土墙，顶宽为0.6m，底宽为1.14m，总高约3.0m，基础埋深达1.0m，有效高度为2.0m，上游侧墙背坡比为1∶0，下游侧墙胸坡比为1∶0.3，基础和墙身均采用C20混凝土结构。

图 4.27　不稳定斜坡右侧加依达泥石流已建防治工程总体照

（2）为保护斜坡下部民房，在加依达泥石流沟道中下部布设有排导槽工程，长约 121.5m，矩形断面，宽度为 5m，高度为 2.5m。排导槽边墙顶宽为 0.6m，底宽为 1.28m，有效高度为 2.5m，基础埋深达 1.2m，背侧垂直，面侧斜比为 1∶0.3，采用 M10 浆砌块石结构砌筑。

（3）在排导槽下方设置过流涵洞，涵洞有效高度为 2.5m，跨度为 5m，过流断面为 12.5m²，基础埋置深度为 1.5m，厚度为 0.6m 的毛石混凝土护底。盖板采用 4 块板搭接，板长度为 6m，两侧搭接长度为 0.5m。

2）已有防护工程措施运营情况

（1）挡土墙工程：现场调查显示，挡土墙工程目前外观结构完整，未见明显破损迹象，墙后已堆积部分土石方，可达到设计的回淤压脚目的，工程治理效果较好（图 4.28）。

（2）排导槽及过流涵洞工程：现场调查显示，排导槽及过流涵洞工程目前外观结构完整，未见明显破损迹象，2018 年已经受泥石流过程检验，可达到顺利排导的目的，对坡脚百姓生命财产安全起到良好的保护作用，工程治理效果较好（图 4.29）。

4 典型地质灾害治理工程案例分析

图 4.28　加依达泥石流已建护脚墙工程

图 4.29　加依达泥石流已建排导槽及过流涵洞工程

已有的加依达泥石流防治工程紧邻加依达牧民安置点不稳定斜坡右边界，拟建治理工程施工时应注意对已建工程的保护，防止对已有防治工程造成破坏，影响其治理效果。

4.5.3 灾害成因机理分析

1. 沙冲沟泥石流发展趋势和危害性分析

1）泥石流易发程度分析与评价

国土资源部发布的《泥石流灾害防治工程勘查规范（试行）》（T/CAGHP 006—2018）中的附录 I "泥石流易发程度数量化评分表"考虑了可能诱发泥石流的各种作用因素，如崩滑严重程度、泥沙沿途补给程度、河沟纵坡坡降、沟内植被覆盖状况等共15个要素，并进行综合打分，最后对各分项分值进行累计，提供了如下判别标准（表 4.20）。

（1）所得总分值为 116～130，属极易发泥石流沟；

（2）所得总分值为 87～115，属易发泥石流沟；

（3）所得总分值为 44～86，属轻度易发泥石流沟；

（4）所得总分值为 15～43，不发生泥石流。

根据沙冲沟泥石流沟域的基本特征和参数，按照上述判别标准，沙冲沟泥石流易发程度评分为 88 分（具体评分情况见表 4.21），综合判定其易发程度属中等易发等级（表 4.20）。

沙冲沟泥石流流域内不良地质现象发育，泥石流固体物源量大；泥沙沿程补给充分，补给长度比为 30%～60%；沟口泥石流堆积扇无挤压主河大渡河现象，主流不偏，说明泥石流活动强度不是很大；沟谷平均纵坡比降较大，为 293.2‰，特别是沟源段纵坡比降大，有利于泥石流的形成；该区域在构造方面为强抬升区，沟谷下切和侧蚀作用强烈，地震活动强烈，地震基本烈度达Ⅷ度，有利于泥石流的发育；流域内植被总体上覆盖情况一般，平均植被覆盖率约 40%；沟谷内近期一次泥石流冲淤变幅为 1～0.2m，泥石流活动强度较小；沟域内出露基岩主要为上三叠统两河口组下段（T_3lh^1）变质砂岩，同时还有松散第四系洪积物、残坡积物、崩坡积物等，沿沟松散物总储量丰富，产沙区松散物平均厚度为 1～5m，松散物源较丰富；沟岸山坡陡崖发育，大部分坡度在 45°以上，上游沟谷形态呈"V"形，下游沟谷形态呈"U"形，有利于物源和水源的汇聚和泥石流的形成；泥石流沟域面积为 3.5km²，相对高差达 865m，沟谷堵塞程度轻微。这些因素总体上有利于泥石流的发育。

表 4.20 泥石流易发程度数量化综合评判等级标准表

是与非的判别界限值		划分易发程度等级的界限值	
等级	标准得分 N 值的范围	等级	按标准得分 N 值的范围自判
是	44～130	极易发	116～130
		中等易发	87～115
		轻度易发	44～86
非	15～43	不易发生	15～43

表 4.21 沙冲沟泥石流易发程度数量化评分表

序号	影响因素	极易发（A）量级划分	得分	中等易发（B）量级划分	得分	轻度易发（C）量级划分	得分	不易发（D）量级划分	得分
1	崩坍、滑坡及水土流失（自然和人为活动的）严重程度	崩坍、滑坡等重力侵蚀严重，多层滑坡和大型崩坍，表土疏松，冲沟十分发育	21	崩坍、滑坡发育，多层滑坡和中小型崩坍，有零星植被覆盖冲沟发育	16	有零星崩坍、滑坡和冲沟存在	12√	无崩坍、滑坡、冲沟或发育轻微	1
2	泥沙沿程补给长度比 /%	>60	16	60～30	12	30～10	8√	<10	1
3	沟口泥石流堆积活动程度	主河河形弯曲或堵塞，主流受挤压偏移	14	主河河形无较大变化，仅主流受迫偏移	11	主河河形无变化，主流在高水位时偏，低水位时不偏	7	主河无河形变化，主流不偏	1√
4	河沟纵坡 /(°)，‰	>12，>213	12√	6～12，105～213	9	3～6，52～105	6	<3，<32	1
5	区域构造影响程度	强抬升区，Ⅷ度以上地震区，断层破碎带	9√	抬升区，Ⅶ～Ⅷ度地震区，有中小支断层	7	相对稳定区，Ⅶ度以下地震区，有小断层	5	沉降区，构造影响小或无影响	1
6	流域植被覆盖率 /%	<10	9	10～30	7√	30～60	5	>60	1
7	河沟近期变幅 /m	>2	8	1～2	6	0.2～1	4√	0.2	1
8	岩性影响	软岩、黄土	6	软硬相间	5	风化强烈和节理发育的硬岩	4√	硬岩	1
9	沿沟松散物储量 /($10^4 m^3/km^2$)	>10	6√	5～10	5	1～5	4	<1	1
10	沟岸山坡坡度 /(°)，‰	>32，>625	6√	25～32，466～625	5	25～15，268～466	4	<15，<268	1
11	产沙区沟槽横断面	"V"形、"U"形、谷中谷	5√	宽"U"形	4	复式断面	3	平坦型	1
12	产沙区松散物平均厚度 /m	>10	5	5～10	4	1～5	3√	<1	1
13	流域面积 /km²	0.2～5	5√	5～10	4	0.2以下、10～100	3	>100	1
14	流域相对高差 /m	>500	4√	300～500	3	100～300	2	<100	1
15	河沟堵塞程度	严重	4	中等	3	轻微	2√	无	1
16	总分（N）	88							
17	易发程度	中等易发（N=87～115）							

受 2018 年 7 月强降雨及泥石流影响，沟域内滑坡、崩塌等地质灾害明显增加。并且

受沟域内泥石流揭底冲刷影响，沟道内松散堆积物源出露，在洪水或上游泥石流作用下，易再次启动参与泥石流活动，泥石流易发程度增高。根据《泥石流灾害防治工程勘查规范（试行）》（T/CAGHP 006—2018）中附录表 B.1 "泥石流沟发展阶段的识别方法"，从沟口扇形、沟域松散物模量、沟槽侵蚀变形、沟坡坡形、沟道沟形、植被覆盖率等 16 个因素判断出沙冲沟泥石流处于发展阶段（壮年期）。

2）泥石流发展趋势分析

根据前述对泥石流灾害史的调查，沙冲沟泥石流属低频泥石流，沟内崩滑等不良地质现象发育，坡面侵蚀严重；沟域下游虽被前期泥石流冲出一部分，但仍有大量停留于沟道内，仍为泥石流活动提供了大量的松散固体物源量，激发泥石流的临界雨强可能降低，因此，再次暴发泥石流的可能性仍然较大。

3）泥石流危害

根据前述对泥石流成因机制和引发因素的分析，沙冲沟属暴雨–沟谷型–稀性泥石流，泥石流规模主要与沟域内松散固体物源的累计和动态变化情况以及引发泥石流的暴雨强度有关。沙冲沟沟域内松散物质较多，且流域汇水面积较大、暴雨集中、历时短、强度大，在特定的条件下可能再次暴发泥石流灾害。

沙冲沟曾在 2018 年 7 月暴发小规模泥石流灾害，所幸未造成人员伤亡，根据野外现场踏勘获知的泥石流基本特征，若再次发生泥石流，则主要威胁沟口加依达牧民聚居区 7 户、30 人，威胁村道、公路等基础设施，威胁资产约 600 万元。威胁对象分布如图 4.30 和图 4.31 所示。据《泥石流防治工程勘查规范（试行）》（T/CAGHP 006—2018），该泥石流危害等级为小型。

图 4.30　威胁住户及村道设施　　图 4.31　威胁对象全貌图

4）堵河危险性预测

（1）泥石流沟口主河道水文特征。

通过现场调查及资料搜集得知沙冲沟沟口主河罗柯河为常年性二级河流，源于上罗科马镇一带山地，经上罗科马镇、下罗科马乡、宜木乡3个乡（镇），由东北流入道孚县孔色乡与鲜水河交汇。全长约65km，流域面积为634km²，有多级支流。多年平均流量为6.78m³/s，落差为200m，携沙、疏沙能力较弱。

根据调查，沙冲沟于罗柯河的侵占宽度约20m，根据泥石流特征值计算，沙冲沟泥石流在概率（P）=2%条件下一次冲出固体物质量为696m³，估算可知在50年一遇情况下淤积高度可达2.5m，上游回淤长度约30m，回淤面积约600m²，详见图4.32。

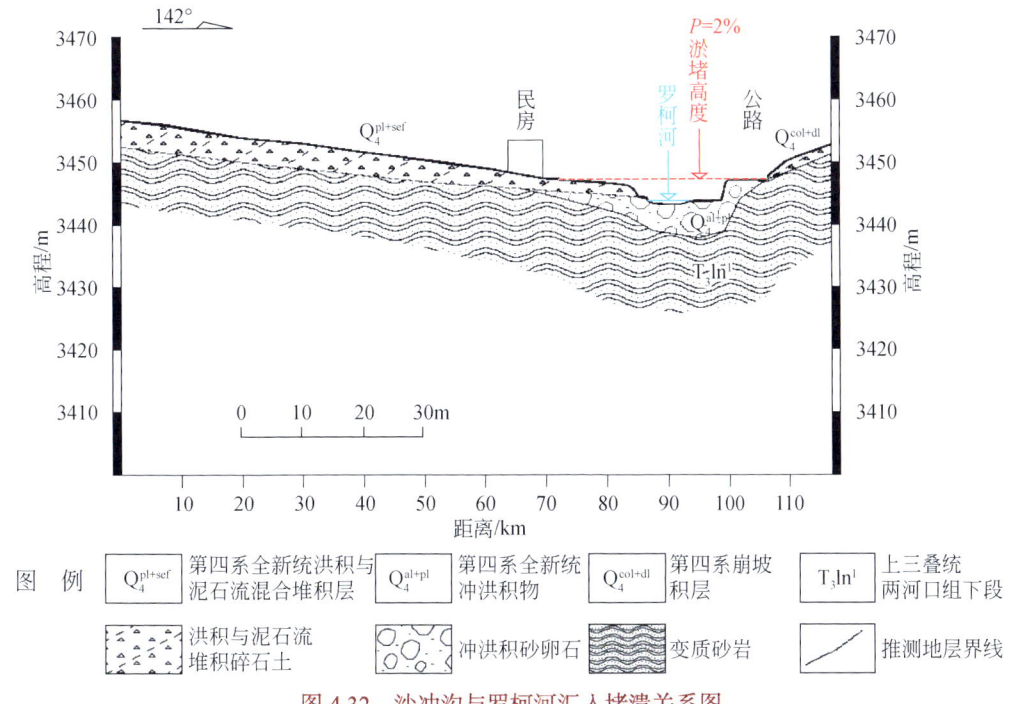

图 4.32　沙冲沟与罗柯河汇入堵溃关系图

（2）固体物质出沟数量与堵江危害分析。

泥石流的堵江程度主要与入汇角、流量比、流速比、流体重度、一次入江固体物质总量等因素有关。其中，入汇角可通过调整排导工程走向约定，流量比、流速比、流体重度等在现在泥石流形成条件下为固定值。因此，以下分析以假定未实施稳、拦、调等泥石流治理工程、下游排导槽以90°入汇角与罗柯河相交、上述因素皆固定为前提，按不同的一次出沟固体物质总量预测其堵江程度。

据前述泥石流特征参数的计算结果，为分析、预测沙冲沟泥石流对主河的堵塞程度，本次勘查按一次固体物质冲出量为696.04m³，流量为8.04m³/s（即50年一遇泥石流特征参数）进行分析，预测其对罗柯河堵塞程度。

（3）堵江可能性的经验公式判别。

参考陈德明等（2002）在《泥石流入汇对河流影响的实验研究》中对泥石流堵河的经验判别式：

$$\frac{\gamma_{支}Q_{支}V_{支}\sin\alpha}{\gamma_{主}Q_{主}V_{主}} \geq C_{\gamma}$$

式中，$\gamma_{支}$为泥石流流体重度，t/m³，取1.58；$\gamma_{主}$为主河河水重度，t/m³，取1.05；$Q_{支}$为泥石流峰值流量，m³/s，取8.04；$Q_{主}$为泥石流发生时主河河水流量，取主河洪期最大流量，m³/s，根据收集资料，取6.78；$V_{支}$为泥石流入汇时的流速，m/s，根据反算，取3.672；$V_{主}$为泥石流入汇处主河河水流速，m/s，根据收集资料取2.4；α为泥石流沟入汇角，（°），取90°；C_{γ}为阈值，取1.44。

根据前述泥石流参数特征值（按20年一遇设计标准）的计算结果，按照沟域内未进行工程治理、下游沟口段沟道入汇主沟的入汇角为90°为前提，以堰塞体下游交汇处流量和流速数据进行计算，判别式计算得到的结果为：C_{γ}=1.51＞$C_{阈}$。

因此，沙冲沟泥石流对主河罗柯河堵塞的可能性较大，也与现场调查的罗柯河流弯曲、泥石流堆积扇形态相印证。

2. 林场沟泥石流发展趋势分析和危害性分析

1）泥石流易发程度分析与评价

林场沟泥石流流域内不良地质现象发育，泥石流固体物源量大；泥沙沿程补给充分，补给长度比为30%～60%；沟口泥石流堆积扇无挤压主河现象，主流不偏，说明泥石流活动强度不是很大；沟谷平均纵坡比降较大，为254.5‰，特别是沟源段，有利于泥石流的形成；该区域在构造方面为强抬升区，沟谷下切和侧蚀作用强烈，地震活动强烈，地震基本烈度为Ⅷ度，有利于泥石流的发育；流域内植被总体上覆盖情况较好，平均植被覆盖率大于60%；沟谷内近期一次泥石流冲淤变幅为1～0.2m，泥石流活动强度较小；沟域内出露基岩主要为上三叠统两河口组下段（T_3lh^1）变质砂岩，同时还有松散第四系洪积物、残坡积物、崩坡积物等，沿沟松散物总储量丰富，产沙区松散物平均厚度为0.5～1m，松散物源较丰富；沟岸山坡陡崖发育，大部分坡度在45°以上，上游沟谷形态呈"V"形，下游沟谷形态呈"U"形，有利于物源和水源的汇聚和泥石流的形成；泥石流沟域面积为3.7km²，相对高差达980m，无沟谷堵塞现象。这些因素总体上有利于泥石流的发育。

按照《泥石流灾害防治工程勘查规范（试行）》（T/CAGHP 006—2018）中附录

I"泥石流沟的数量化综合评判及易发程度等级标准"的判定标准,林场沟泥石流易发程度综合评分为71分,综合判定泥石流易发程度属轻度易发等级(表4.20)。

2)泥石流的发生频率和发展阶段

根据前述对泥石流灾害史的调查,林场沟泥石流属高频泥石流,沟内崩滑等不良地质现象发育,坡面侵蚀严重;沟域下游虽被前期泥石流冲出一部分,但仍有大量停留于沟道内,仍为泥石流活动提供了大量的松散固体物源量,激发泥石流的临界雨强可能降低,因此,再次暴发泥石流的可能性仍然较大。

3)泥石流发展趋势预测

根据前述对泥石流成因机制和引发因素的分析,林场沟属暴雨–沟谷型–稀性泥石流,泥石流规模主要与沟域内松散固体物源的累计和动态变化情况以及引发泥石流的暴雨强度有关。林场沟沟域内松散物质较多,且流域汇水面积较大、暴雨集中、历时短、强度大,在特定的条件下可能暴发泥石流灾害。

4)泥石流危害性

根据现场踏勘获知的林场沟泥石流发育特征,林场沟泥石流直接威胁对象为沟口乡政府和聚居区,合计威胁46户、375人,威胁资产约4250万元,根据《泥石流灾害防治工程勘查规范(试行)》(T/CAGHP 006—2018)中表3规定,按林场沟泥石流潜在威胁人数与威胁资产分级,该泥石流属中型泥石流。

5)堵河危害性预测

林场沟泥石流堵塞主河罗柯河的可能性主要取决于林场沟沟口与罗柯河交汇处的走向关系、主河的河道形态及侵蚀强度、主河宽度、纵坡比降、流量、流速和输沙能力等方面的因素,以及林场沟泥石流流体重度和物质成分特征、泥石流流速、流量等运动学特征等因素。

(1)泥石流沟口主河道水文特征。

通过现场调查及资料搜集得知沙冲沟沟口主河罗柯河为常年性二级河流,源于上罗科马镇一带山地,经上罗科马镇、下罗科马乡、宜木乡3个乡(镇),由东北流入道孚县孔色乡与鲜水河交汇。全长约65km,流域面积为634km^2,有多级支流。多年平均流量为6.78m^3/s,雨季峰值流量约76.51m^3/s,落差约200m,携沙、疏沙能力较弱。

根据调查,林场沟沟口处罗柯河河流宽度约10m,根据泥石流特征值计算,林场沟泥石流在概率(P)=2%条件下一次冲出固体物质量为568.55m^3,估算可知在50年一遇情况下淤积高度可达2.5m,上游回淤长度约28m,回淤面积约280m^2,详见图4.33。

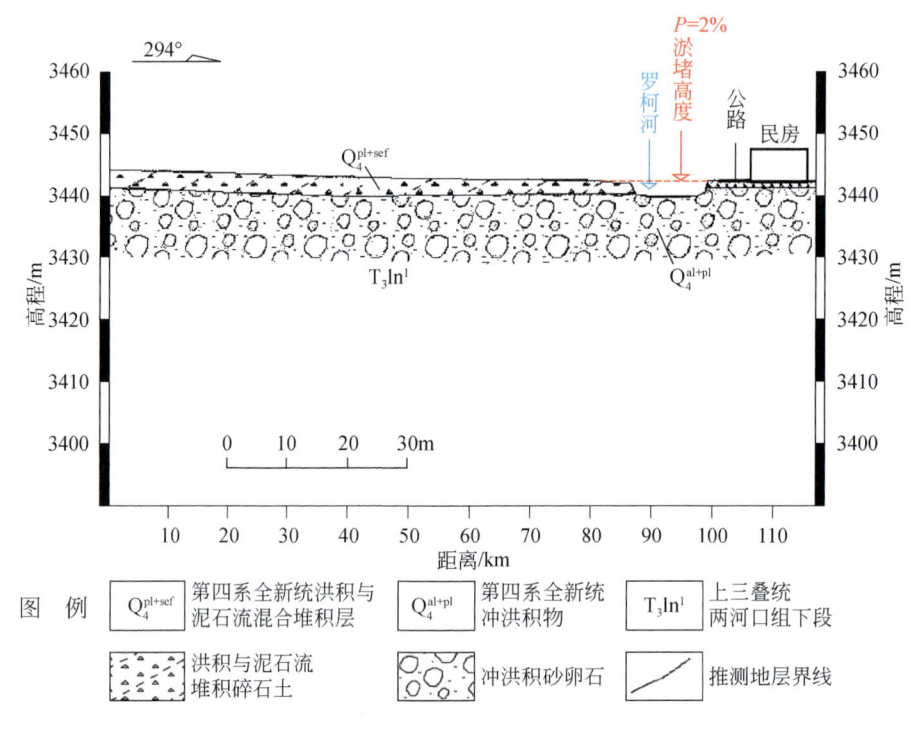

图 4.33 林场沟与罗柯河汇入堵溃关系图

（2）固体物质出沟数量与堵江危害分析。

泥石流的堵江程度主要与入汇角、流量比、流速比、流体重度、一次入江固体物质总量等因素有关。其中，入汇角可通过调整排导工程走向约定，流量比、流速比、流体重度等在现在泥石流形成条件下为固定值，因此，以下分析以假定未实施稳、拦、调等泥石流治理工程，下游排导槽以 90° 入汇角与罗柯河相交，上述因素皆固定为前提，按不同的一次出沟固体物质总量预测其堵河程度。

据前述泥石流特征参数的计算结果，按一次固体物质冲出量为 568.55m³，流量为 10.02m³/s（即 50 年一遇泥石流特征参数）进行分析，预测林场沟泥石流对罗柯河的堵塞程度。

（3）堵江可能性的经验公式判别。

参考陈德明等（2002）在《泥石流入汇对河流影响的实验研究》中对泥石流堵河的经验判别式：

$$\frac{\gamma_支 Q_支 V_支 \sin\alpha}{\gamma_主 Q_主 V_主} \geqslant C_\gamma$$

式中，$\gamma_支$ 为泥石流流体重度，t/m³，取 1.49；$\gamma_主$ 为主河河水重度，t/m³，取 1.05；$Q_支$ 为泥

石流峰值流量，m³/s，取 10.02；$Q_主$ 为泥石流发生时主河河水流量，取主河洪期最大流量，m³/s，根据收集资料，取 6.78；$V_支$ 为泥石流入汇时的流速，m/s，根据反算，取 3.23；$V_主$ 为泥石流入汇处主河河水流速，m/s，根据收集资料取 2.4；$α$ 为泥石流沟入汇角，（°），取 90°；$C_γ$ 为阈值，取 1.44。

根据前述泥石流参数特征值（按 50 年一遇设计标准）的计算结果，按照沟域内未进行工程治理、下游沟口段沟道入汇主沟的入汇角 90° 为前提，以堰塞体下游交汇处流量和流速数据进行计算，判别式计算得到的结果为 $C_γ$=1.82＞$C_{阈}$。

因此，林场沟泥石流对主河罗科河堵塞的可能性较大，也与现场调查发现林场沟泥石流沟口堆积扇挤压罗科河河道致其向右岸偏移的实际情况吻合。

3. 喇嘛沟泥石流发展趋势和危害性分析

1）泥石流易发程度分析与评价

喇嘛沟泥石流流域内不良地质现象发育，泥石流固体物源量大；泥沙沿程补给充分，补给长度比为 30%～60%；沟口泥石流堆积扇无挤压主河现象，主流不偏，说明泥石流活动强度不是很大；沟谷平均纵坡比降为 145.4‰，特别是沟源段较大，有利于泥石流的形成；该区域在构造方面为强抬升区，沟谷下切和侧蚀作用强烈，地震活动强烈，地震基本烈度为Ⅷ度，有利于泥石流的发育；流域内植被总体上覆盖情况较好，平均植被覆盖率大于 60%；沟谷内近期一次泥石流冲淤变幅在 0.2m 左右，泥石流活动强度较小；沟域内出露基岩主要为上三叠统两河口组下段（T_3lh^1）变质砂岩，同时还有松散第四系洪积物、残坡积物、崩坡积物等，沿沟松散物总储量丰富，产沙区松散物平均厚度为 0.5～1m，松散物源较丰富；沟岸山坡陡崖发育，大部分坡度一般在 45° 以上，上游沟谷形态呈"V"形，下游沟谷形态呈"U"形，有利于物源和水源的汇聚和泥石流的形成；泥石流沟域面积为 29.5km²，相对高差达 1048m，无沟谷堵塞现象。这些因素总体上有利于泥石流的发育。

按照《泥石流灾害防治工程勘查规范（试行）》（T/CAGHP 006—2018）中附录Ⅰ"泥石流沟的数量化综合评判及易发程度等级标准"的判别标准，喇嘛沟泥石流易发程度综合评分为 47 分（具体评分情况详见表 4.22），综合判定泥石流易发程度属轻度易发等级（表 4.20）。

表 4.22　喇嘛沟泥石流易发程度数量化评分表

序号	影响因素	极易发（A）量级划分	得分	中等易发（B）量级划分	得分	轻度易发（C）量级划分	得分	不易发（D）量级划分	得分
1	崩坍、滑坡及水土流失（自然和人为活动的）严重程度	崩坍、滑坡等重力侵蚀严重，多层滑坡和大型崩坍，表土疏松，冲沟十分发育	21	崩坍、滑坡发育，多层滑坡和中小型崩坍，有零星植被覆盖冲沟发育	16	有零星崩坍、滑坡和冲沟存在	12√	无崩坍、滑坡、冲沟或发育轻微	1
2	泥沙沿程补给长度比 /%	>60	16	60~30	12	30~10	8	<10	1√
3	沟口泥石流堆积活动程度	主河河形弯曲或堵塞，主流受挤压偏移	14	主河河形无较大变化，仅主流受迫偏移	11	主河河形无变化，主流在高水位时偏，低水位时不偏	7	主河无河形变化，主流不偏	1√
4	河沟纵坡 /(°)，‰	>12，>213	12	6~12，105~213	9	3~6，52~105	6	<3，<32	1√
5	区域构造影响程度	强抬升区，Ⅷ度以上地震区，断层破碎带	9	抬升区，Ⅶ~Ⅷ度地震区，有中小支断层	7	相对稳定区，Ⅶ度以下地震区，有小断层	5√	沉降区，构造影响小或无影响	1
6	流域植被覆盖率 /%	<10	9	10~30	7	30~60	5	>60	1√
7	河沟近期变幅 /m	>2	8	1~2	6	0.2~1	4	0.2	1√
8	岩性影响	软岩、黄土	6	软硬相间	5	风化强烈和节理发育的硬岩	4	硬岩	1√
9	沿沟松散物储量 /($10^4 m^3/km^2$)	>10	6√	5~10	5	1~5	4	<1	1
10	沟岸山坡坡度 /(°)，‰	>32，>625	6	25~32，466~625	5	25~15，268~466	4√	<15，<268	1
11	产沙区沟槽横断面	"V"形、"U"形、谷中谷	5	宽"U"形	4	复式断面	3√	平坦型	1
12	产沙区松散物平均厚度 /m	>10	5	5~10	4	1~5	3√	<1	1
13	流域面积 /km²	0.2~5	5	5~10	4	0.2以下、10~100	3√	>100	1
14	流域相对高差 /m	>500	4√	300~500	3	100~300	2	<100	1
15	河沟堵塞程度	严重	4	中等	3	轻微	2	无	1√
16	总分（N）	47							
17	易发程度	中等易发（N=44~86）							

2）泥石流的发生频率和发展阶段

根据前述对泥石流灾害史的调查，喇嘛沟泥石流属低频泥石流，沟内崩滑等不良地质现象发育较少，坡面侵蚀严重；沟域下游虽被前期泥石流冲出一部分，但仍有大量停留于沟道内，仍为泥石流活动提供了大量的松散固体物源量，激发泥石流的临界雨强可能降低，因此，仍然有再次暴发泥石流的可能性。

3）泥石流发展趋势预测

根据前述对泥石流成因机制和引发因素的分析，喇嘛沟属暴雨－沟谷型－稀性泥石流，泥石流规模主要与沟域内松散固体物源的累计和动态变化情况以及引发泥石流的暴雨强度有关。喇嘛沟沟域内松散物质较多，且流域汇水面积较大，暴雨集中、历时短、强度大，在特定的条件下可能暴发泥石流灾害。

4）泥石流危害性分析

根据现场踏勘获知的泥石流发育特征，喇嘛沟泥石流直接威胁对象为沟口上罗科马镇政府、上罗科马镇派出所和聚居区，合计威胁25户、245人，威胁资产约3500万元。根据《泥石流灾害防治工程勘查规范（试行）》（T/CAGHP 006—2018）表3规定，按喇嘛沟泥石流潜在威胁人数与威胁资产分级，该泥石流属中型泥石流。

5）堵河危害性预测

喇嘛沟泥石流堵塞主河罗柯河的可能性主要取决于喇嘛沟沟口与罗柯河交汇处的走向关系、主河的河道形态及侵蚀强度、主河宽度、纵坡比降、流量、流速和输沙能力等方面因素，以及喇嘛沟泥石流流体重度和物质成分特征、泥石流流速、流量等运动学特征等因素。

喇嘛沟入河口处的罗柯河，水流平缓，冲刷较弱，沟道宽度为3～5m，沟谷纵坡比降约10‰，沟道堆积物主要为碎块石，可见的最大块径达0.2m，现场量测，罗柯河流速为2～3m/s，流量估测在5m^3/s左右。据资料统计，罗柯河为雅砻江水系支流，为常年性二级河流，源于上罗科马镇一带山地，经上罗科马镇、下罗科马乡、宜木乡3个乡（镇），由东北流入道孚县孔色乡与鲜水河交汇。全长约65km，流域面积为634km^2，有多级支流。多年平均流量为6.78m^3/s，约小于喇嘛沟泥石流泥石流峰值流量（详见4.7.3节）。罗柯河输沙能力较弱，且汇合口罗柯河的侵蚀强度小于喇嘛沟，这种特征有利于泥石流物质的堆积。与现场调查发现的喇嘛沟泥石流沟口堆积扇挤压罗柯河河道致其向右岸偏移的实际现象吻合。

罗柯河距喇嘛沟泥石流沟口约为300m，受上罗科马镇政府及居民安置点居民房屋的阻隔，喇嘛沟泥石流固体物质冲入罗柯河的可能性小。喇嘛沟沟域面积为29.5km^2，下游沟道较为平缓，下游平均纵坡比降为70‰，有利于泥石流在沟口堆积；古尔沟泥石流物源主要分布于中下游区，以沟道堆积物为主，细粒物质占多数。结合泥石流数量化评分（N）与重度关系对照表，喇嘛沟主沟泥石流属稀性泥石流，其重度在1.332t/m^{3}左右，这种流体特征决定，喇嘛沟泥石流物质汇入主河后主要以夹沙洪水为主，易于被主河稀释，并搬运到下游区域。据泥石流特征参数的计算（详见4.7.3节），喇嘛沟泥石流出口段流速为3.2m/s，20年一遇泥石流峰值流量为30.14m^3/s，一次固体物质冲出量为960.52m^3，而罗柯河的峰值流量为45.37m^3/s（据《四川省中小流域暴雨洪水计算手册》），为喇嘛沟泥石流峰值流量的1.5倍，且喇嘛沟泥石流为稀性泥石流，重度为1.332t/m³，这些特征参数反映，罗柯河被堵塞的可能性小。

4.3 条泥石流叠加堵河的危险性分析

根据前述章节对沙冲沟、林场沟、喇嘛沟3条泥石流沟暴发泥石流时堵塞主河罗柯河进行的分析论述，沙冲沟泥石流、林场沟泥石流对主河罗柯河堵塞的可能性较大，也与现场调查中发生的罗柯河流弯曲、泥石流堆积扇形态相印证；喇嘛沟泥石流堵塞罗柯河的可能性小，与沟口罗柯河河道顺直不偏相吻合。

如果沙冲沟泥石流、林场沟泥石流和喇嘛沟泥石流同时暴发泥石流，将会通过罗柯河造成上罗科马镇河道堵塞。沙冲沟泥石流位于上罗科马镇场镇边界，处于罗柯河上游，沙冲沟泥石流堵塞罗柯河后会沿左右两岸漫流冲入上罗科马镇场镇，对场镇构成严重威胁；林场沟泥石流处于上罗科马镇场镇中下部，罗柯河左岸，一旦罗柯河被堵塞，水位壅高后，将淹没上罗科马镇左右两岸民房、道路等（图4.34）。根据以上分析，林场沟泥石流和沙冲沟泥石流的主要治理思路为"以拦为主"，将固体物质拦蓄在沟道内，辅以排导槽使夹沙洪水进入主河罗柯河，避免罗柯河被堵塞。

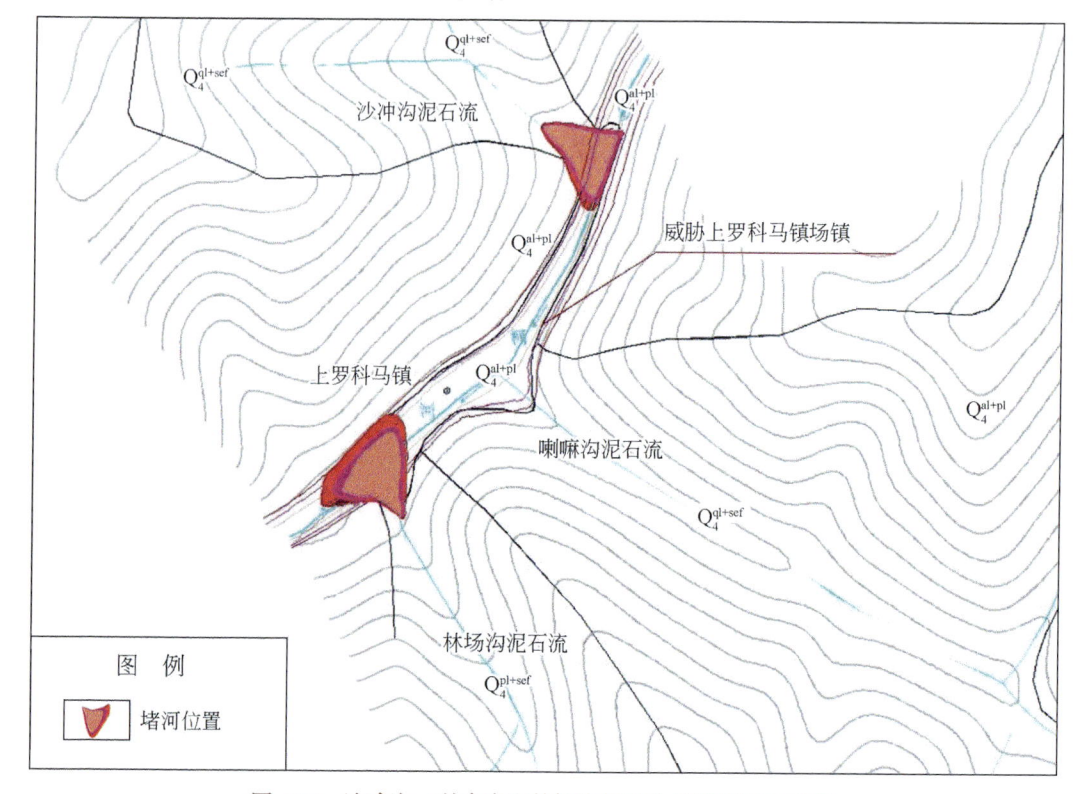

图4.34 沙冲沟、喇嘛沟和林场沟相对位置及堵河示意图

4.5.4 治理工程设计

4.5.4.1 沙冲沟治理工程设计

1. 治理思路

根据现场调查分析认为，沙冲沟泥石流属暴雨沟谷型泥石流，预测泥石流的可能暴发规模以中小型为主，泥石流的威胁对象主要为沟口聚居点、村道等。因此，该泥石流治理工程目标主要以保护沟口聚居点、村道为主要目标。

根据调查分析，在2018年汛期强降雨过程中，由于地表水入渗沟道堆积物以及斜坡区内松散土体，致使该区域的松散岩土体饱水，在地表汇流溯源侵蚀作用下开始启动，参与泥石流活动。并且在下泄过程中沿途侵蚀和揭底、冲刷沟域内松散固体物源，形成小型泥石流灾害。考虑到沙冲沟泥石流威胁对象集中于沟口堆积扇区，同时主河罗柯河平缓，泄沙能力较弱，建议对该泥石流的治理工程采用"以拦为主"的思路进行治理。

2. 设计方案

1）拦挡坝设计

（1）工程地质条件。

根据设计，拟建拦挡坝工程位于沟道下游出山口位置，受 j-j' 剖面控制。

①沟道特征。

根据设计，拟建拦挡坝工程区内地貌类型为沟谷"V"形微地貌，沟道近沟谷南北穿过。沟道底部宽度一般为4.5m，沟道平均纵坡比降为93‰，两侧岸坡约45°。

②左坝肩特征。

拟建拦挡坝工程左岸坡度约45°，坡表为第四系残坡积块碎石土，块碎石含量约50%，直径为4～20cm，棱角状，母岩以变质砂岩及板岩为主。探槽结果显示，残坡积层厚度大于1m，无分层现象。

③右坝肩特征。

拟建拦挡坝工程右岸坡度约45°，坡表为第四系残坡积块碎石土，块碎石含量约50%，直径为4～20cm，棱角状，母岩以变质砂岩及板岩为主。探槽结果显示，残坡积层厚度大于1m，无分层现象。岸坡呈下陡上缓的趋势。

④坝基条件。

拟建拦挡坝工程的坝基为第四系泥石流与冲积混合堆积物，岩性为碎块石角砾，棱状-次棱状，岩土体结构松散。

⑤库区特征。

根据设计，拟建拦挡坝工程区内地貌类型为沟谷"V"形微地貌，沟道近沟谷南北穿过。沟道底部宽度一般为4.5m，沟道平均纵坡比降为93‰，两侧岸坡约45°。拟设工程位置上游集中分布了4处崩滑物源、5处沟道物源、5处坡面侵蚀物源，物源总方量为$36.1 \times 10^4 m^3$，可参与泥石流动储量约$11.77 \times 10^4 m^3$。该拟设工程可对上游松散物源进行拦挡，起到分选及调节泥石流特征的作用。

（2）结构设计。

①坝体结构。

拦挡坝采用重力实体坝的形式，坝体采用C20混凝土浇筑，坝宽约40.7m，坝高约9.5m，有效高度为5m，基础埋深为3m，拦挡坝坝顶厚为2m，坝体迎坡面按1∶0.4放坡，背坡面按1∶0.2放坡。

②溢流口设计。

拦挡坝坝顶溢流口采用梯形断面，溢流口高1.5m，两侧放坡比为1∶1，溢流口底宽为16m，顶宽为19m，过流断面面积为17m^2。

③泄水孔设计。

根据坝体长度，在溢流口下方坝身底部布设两排共15个泄水孔，孔间距为2m（净距），泄水孔为矩形，净高为0.8m，净宽为0.6m。

④护坦设计。

由于该坝坝高达9.5m，有效坝高为5.0m，满库后过坝流体势必对下游沟床产生强烈的冲刷破坏（据计算，其坝下全为堆积层时，冲刷深度可达2.52m，如不进行防护，将冲刷坝下基础），如坝下冲刷掏蚀坝基，会对坝体稳定性产生非常不利的影响，因此，坝下消能防冲设计就显得非常重要。

由于坝高较大，坝下采用护坦进行防冲设计，护坦区顺沟长度为8.0m，横沟宽约16.0m，该段护坦纵坡比降为93‰，护坦厚度为1.0m，C20混凝土结构，护坦表层铺设块石。护坦两侧设边墙，边墙有效高度为1m，埋深为0.5m，顶宽为0.5m，背侧直立，外侧以1∶0.2放坡，C20混凝土结构。

（3）设计检算。

①坝的稳拦能力检算

拦挡坝的主要作用是对该处上游物源进行拦挡，调节泥石流沟道、泥石流重度、调节泥石流流速、泥石流流量等特征。拦挡坝设计库容约 $3 \times 10^3 \mathrm{m}^3$，预计可拦挡 20 年一遇泥石流 5.8 次，可拦挡 50 年一遇泥石流 4.3 次。

②坝顶溢流口过流能力。

按照布置沟段位置和泄流方向、过流宽度、水深、流速、安全超高的要求，设计溢流口宽度和高度，要求溢流口过流能力大于过坝泥石流流量，溢流口允许过流能力计算公式为

$$Q = mbH^{\frac{3}{2}}\sqrt{2g}$$

式中，Q 为过坝泥石流流量，m^3/s；b 为溢流口宽度，m；H 为溢流口深度，m。

溢流口设计尺寸及流量复核计算结果见表 4.23，由表可见，溢流口设计可满足过坝泥石流流量要求。

表 4.23　泥石流溢流口过坝流量复核计算表

名称	溢流口宽度/m	溢流口深度/m	允许过流流量/(m^3/s)	过坝泥石流流量（P=2%）/(m^3/s)	过坝泥石流流量（P=1%）/(m^3/s)
拦挡坝	16	1.5	55.9	5.88	8.04

③坝体稳定性：抗滑移和抗倾覆稳定性验算。

坝体抗滑稳定系数按下式计算：

$$K_c = \frac{f \times \sum N}{\sum P}$$

式中，K_c 为抗滑稳定性系数；$\sum N$ 为垂直方向作用力的总和；$\sum P$ 为水平方向作用力的总和；f 为坝体与基础的摩擦力系数，取 0.5。

坝体倾覆稳定系数按下式计算：

$$K_0 = \frac{\sum M_N}{\sum M_P}$$

式中，K_0 为抗倾覆稳定性系数；$\sum M_N$ 为抗倾覆力矩的总和；$\sum M_P$ 为倾覆力矩的总和。

根据前述不同工况下的荷载组合求得不同工况下各坝的抗倾覆、抗滑移稳定性结果见表 4.24。由表可见，相应的防治工程设计标准满足要求。

表 4.24　抗滑移、抗倾覆稳定性计算结果统计表

名称	抗滑移稳定性系数				抗倾覆稳定性系数			
	工况Ⅰ	工况Ⅱ	工况Ⅲ	工况Ⅳ	工况Ⅰ	工况Ⅱ	工况Ⅲ	工况Ⅳ
拦挡坝	1.98	2.99	5.03	2.02	1.47	3.23	7.22	2.61

④地基稳定性。

根据设计，拦挡坝地基土为泥石流堆积碎石土，根据动探试验及坝体自重压力计算，地基承载力满足设计要求。拦挡坝地基稳定性计算结果详见表 4.25。

表 4.25　拦挡坝工程基础稳定性计算统计表

分项分部工程名称	工况	倾覆力矩之和 /(kN·m)	抗倾覆力矩之和 /(kN·m)	竖向荷载总和 /kN	基底宽度 /m	偏心距 /m	最小地基应力 /kN	最大地基应力 /kN
1# 拦挡坝	工况Ⅰ	2485.14	3647.76	1022.90	6.00	1.86	0.00	499.98
	工况Ⅱ	1186.92	3830.06	1186.36	6.00	0.77	45.07	350.39
	工况Ⅲ	593.32	4283.48	1279.85	6.00	0.12	188.41	238.21
	工况Ⅳ	1638.32	4283.48	1279.85	6.00	0.93	14.24	412.37

⑤防渗变形验算。

坝下防渗变形验算参照蒋中信编著的《震后泥石流治理工程设计简明指南》附录 4 中渗透变形判别公式。管涌的临界水力比降（I_{cr}）计算公式为

$$I_{cr}=42 \times d_3/(k/n^3) -2$$

式中，d_3 为占总土重 3% 的土粒粒径，mm；n 为土的孔隙率；k 为土的渗透系数，cm/s；根据《震后泥石流治理工程设计简明指南》附表中中砂与细砂持力土层类型的渗透系数（k）取值范围（0.1～1m/d），结合泥石流堆积物质现场渗透试验得到经验综合取值为 0.3m/d；计算得出 I_{cr} 约为 0.156。

经设计后坝后水头按满库工况考虑，有效水头高度为 8m，坝下水头按地面水位取值，计算得到 $I=0.14<I_{cr}$，则设计坝高满足防渗设计要求。

2）排导槽设计

（1）工程地质条件。

根据设计，拟建排导槽工程布设于沟道出山口拟建拦挡坝下游位置至罗柯河，受Ⅲ-Ⅲ′剖面控制。

①沟道特征。

该沟段位于堆积区内，从出山口延伸至罗柯河，沟道宽缓，平均纵坡比降为 93‰，沟道宽 1.5～3.2m，沟道内常年有水，水量约 2.3L/s，工程所属为泥石流堆积微地貌。

②工程地质特征。

拟建排导槽工程沿沟道线性布设于沟道内，在沿原沟道修建的同时尽量顺直沟道。工程布设于第四系冲积及泥石流混合堆积层的碎石土夹块石之上，浅井揭示，碎石土呈红褐色，湿润、松散，碎石含量约50%，直径集中在4～20cm范围内，棱角状，母岩以变质砂岩及板岩为主，厚度大于2m。

（2）结构设计。

排导槽左边墙长度为149m，右边墙长度为145m，边墙总高为2m，有效高度为1.2m，基础埋深为0.8m，边墙内坡直立，临沟侧坡比为1:0.2，墙顶厚度为0.6m，基底厚度为1.0m，墙后回填压密土体；边墙采用C20混凝土结构排导槽低净宽为3m，设计泥位高度为0.5m，校核泥位高度为0.7m，安全超高约0.5m，允许过流断面面积为4.95m²。排导槽每隔10m设一道宽度为2cm的伸缩缝。排导槽槽内设置混凝土肋坎以固床防冲，肋坎左右两侧接排导槽槽边墙，单个肋坎长度为35～55m，肋坎高度为2.0m，顶面宽度为0.5m，高出流水面约0.5m，排导槽每隔10m设置一道肋坎。

（3）设计检算。

①抗滑稳定系数及抗倾覆稳定系数的计算。

抗滑移、抗倾覆稳定性验算结果见表4.26。

表4.26　排导槽边墙抗滑移、抗倾覆稳定性计算结果汇总表

名称	抗滑移稳定性系数		抗倾覆稳定性系数	
	工况 I	工况 II	工况 I	工况 II
M-M′	1.337	1.054	1.833	1.394

②地基承载力验算。

计算公式：

$$\sigma_{max} \leq [\sigma];\ \sigma_{min} \geq 0$$

其中，

$$\sigma_{max} = \frac{\sum N}{B}\left(1 + \frac{6e_0}{B}\right);\ \sigma_{min} = \frac{\sum N}{B}\left(1 - \frac{6e_0}{B}\right)$$

$$e_0 = \frac{B}{2} - c;\ c = \frac{\sum M_N - \sum M_P}{\sum N}$$

式中，σ_{max}为最大地基应力，kN；σ_{min}为最小地基应力，kN/m²；$\sum N$为垂直力的总和，kN；A为基底宽度，m；e_0为偏心距，m；σ为地基容许承载力。

地基稳定性验算结果见表 4.27。

沙冲沟泥石流排导槽工程部位地基土为松散–稍密碎块石土，根据勘查资料，修正后地基承载力特征值为 286.2～387.6kN/m²。显然，最大地基应力均小于地基承载力，可满足设计地基承载力要求。

表 4.27　排导槽边墙地基承载力验算结果汇总表

计算位置	工况	倾覆力矩之和 /(kN·m)	抗倾覆力矩之和 /(kN·m)	竖向荷载总和 /kN	基底宽度 /m	偏心距 /m	最小地基应力 /kN	最大地基应力 /kN
K-K′	工况Ⅰ	52.0	95.3	104.1	1.2	0.184	6.9	166.6
	工况Ⅱ	69.6	97.1	105.4	1.2	0.34	0.0	270.2

③沟床冲刷检算。

由于沙冲沟泥石流拟设防护堤为泥石流与冲洪积混合堆积物，岩土体结构松散，根据《堤防工程设计规范》（GB 50286—2013）的水流局部冲刷深度 Δh 公式计算：

$$\Delta h_B = h_w \frac{v_c}{v_n}\left[\left(1+\frac{6e_0}{B}\right)^n - 1\right]$$

式中，Δh_B 为局部冲刷深度，m；h_w 为设计泥位，m；v_c 为平均流速，m/s；v_n 为泥沙起动流速，m/s；N 为与堤岸平面形状有关的系数，一般取 1/4。

$$H = \Delta h_B + h_i$$

式中，H 为防护堤工程基础埋深；Δh_B 为局部冲刷深度；h_i 为安全值。

排导槽工程水流局部冲刷深度的计算结果详见表 4.28。

表 4.28　排导槽段沟道局部冲刷深度计算表

计算位置	设计泥位 (h_w)/m	平均流速 (v_c)/(m/s)	泥沙起动流速 (v_n)/(m/s)	N	局部冲刷深度 (Δh_B)/m	安全超高 /m	基础埋深取值 /m
K-K′	0.7	4.091	3.672	0.25	0.3	0.5	0.8

④过流能力检算。

排导槽工程设计标准按前述安全等级为四级设防的标准，以满足 20 年一遇泥石流过流设计，以满足 50 年一遇泥石流过流进行校核。

由于上游拦、挡、固源后，下泄物质以洪水夹细粒物质为主，根据稀性泥石流流速计算公式：

$$v_c = \frac{1}{\sqrt{\gamma_H \psi + 1}} \frac{1}{n} H_c^{2/3} I_c^{1/5}$$

式中，v_c 为泥石流流速，m/s；γ_H 为泥石流固体物质重度，t/m³；ψ 为泥石流泥沙修正系数；n 为泥石流沟床糙率系数；H_c 为平均泥深，m；I_c 为泥位纵坡比降。

其中，排导槽底部采用天然沟道，巴克诺夫斯基糙率系数 M_c 取 16。据此计算排导槽过流流速的结果见表 4.29。

表 4.29　排导槽过流流速计算结果汇总表

泥石流固体物质重度（γ_H）/(t/m³)	泥石流泥沙修正系数（ψ）	泥石流沟床糙率系数（M_c）	平均泥深（H_c）/m	泥位纵坡比降（I_c）	泥石流流速（v_c）/(m/s)
2.65	0.855	16	0.7	0.188	3.67

根据泥石流过流流量计算公式：

$$Q_c = W_c v_c$$

式中，Q_c 为泥石流断面峰值流量，m³/s；W_c 为泥石流过流断面面积，m²；v_c 为泥石流断面平均流速，m/s。

计算参数及计算结果详见表 4.30。

表 4.30　排导槽允许泥石流过流流量汇总表

泥石流流速/(m/s)	断面面积/m²	排导槽允许过流流量/(m³/s)	$P=5\%$ 泥石流峰值流量/(m³/s)	$P=2\%$ 泥石流峰值流量/(m³/s)
3.67	4.95	18.17	5.88	8.04

由表可见，排导槽允许过流流量可满足设计需要。

4.5.4.2　林场沟治理工程设计

1. 治理思路

治理目标：通过泥石流流域系统综合工程治理，控制 20 年一遇暴雨条件下林场沟不发生威胁上罗科马镇政府及居民生命财产安全的灾害；控制林场沟泥石流流量和一次冲出固体物质冲出数量，不发生危及场镇居民安全的泥石流灾害，保护沟口上罗科马镇政府以及沟口居民的生命财产安全。

经现场踏勘论证，确定林场沟泥石流综合防治总体思路为"以拦为主"的综合防治措施。

2. 设计方案

1）拦挡坝工程设计

（1）工程地质条件。

根据设计，拟建拦挡坝工程位于沟道下游出山口位置，受 8-8′ 剖面控制。

①沟道特征。

根据设计，拟建拦挡坝工程区内地貌类型为沟谷"V"形微地貌，沟道近沟谷南北穿过。沟道底部宽度一般为12m，沟道平均纵坡为146.6‰，两侧岸坡坡度约45°。

②左坝肩特征。

拟建拦挡坝工程左岸坡度约45°，坡表为第四系残坡积碎石土，碎石含量约50%，直径为4～20cm，棱角状，母岩以变质砂岩及板岩为主。松散—稍密，嵌入残积层中2.0m；基坑开挖按1∶0.5放坡。

③右坝肩特征。

拟建拦挡坝工程右岸坡度约45°，坡表为第四系残坡积碎石土，块碎石含量约50%，直径为4～20cm，棱角状，母岩以变质砂岩及板岩为主。松散–稍密，嵌入残积层中深度达2.0m；基坑开挖按1∶0.5放坡。

④坝基条件。

拟建拦挡坝工程的坝基为第四系泥石流与冲积混合堆积物，岩性为碎石角砾土，棱角–次棱角状，岩土体结构松散。

⑤库区特征。

根据设计，拟建拦挡坝工程区内地貌类型为沟谷"V"形微地貌，沟道近沟谷，南北穿过。沟道底部宽度一般为12m，沟道平均纵坡为146.6‰，两侧岸坡约45°。拟设工程位置上游集中分布了1处崩滑物源、6处沟道物源、4处坡面侵蚀物源，物源总方量为$30.7 \times 10^4 m^3$，可参与泥石流动储量约$7.36 \times 10^4 m^3$。该拟设工程可对上游松散物源进行拦挡，起到分选及调节泥石流特征的作用。

（2）结构设计。

①坝体结构。

拦挡坝采用重力实体坝的形式，坝体采用C25混凝土结构，坝顶长33.0m，坝底长15.0m，坝顶宽1.5m，坝底宽6.3m，坝高度为6.0m，基底宽度为6.3m，基础埋深约2.0m；坝体迎水坡坡比为1∶0.6，背坡比为1∶0.2。

②溢流口设计。

拦挡坝坝顶溢流口采用梯形断面。溢流口高约1.0m，两侧放坡坡比为1∶0.5，溢流口底宽为7m，顶宽为8m，过流断面的面积为7.5m²。

③泄水孔设计。

根据坝体长度，坝体高于地面0.5m位置设置泄水孔2排，单孔高约0.8m，孔宽约0.5m，上下左右净间距为1.5m，泄水孔的坡率按5%设计。

④护坦设计。

由于该坝坝高达6.0m，有效坝高为5.0m，满库后过坝流体势必对下游沟床产生强烈的冲刷破坏（据计算，其坝下全为堆积层时，冲刷深度达1.52m，如不进行防护，将冲刷坝下基础），如坝下冲刷掏蚀坝基，对坝体稳定性产生非常不利的影响，因此，坝下消能防冲设计就显得非常重要。

由于坝高较大，坝下采用护坦进行防冲设计，护坦区顺沟长度为10.0m，横沟宽约10.0m，该段护坦纵坡比降为146.6‰，护坦厚度为1.0m，C25混凝土结构，护坦表层铺设块石。护坦两侧设边墙，边墙有效高度为2m，埋深达2.0m，顶宽为0.8m，内侧坡比为1∶0.2，外侧直立，墙外侧回填块碎石土，回填坡比为1∶0.1，C25混凝土结构。

2）排导槽工程设计

（1）工程地质条件。

根据设计，拟建排导槽工程布设于沟道出山口拟建拦挡坝下游位置至罗柯河。

①沟道特征。

该沟段位于堆积区内，从出山口延伸至罗柯河，沟道宽缓，沟道宽1.0～4.5m，沟道内常年有水，水量约1.5L/s，工程所属为冲洪积堆积扇微地貌。

②工程地质特征。

拟建排导槽工程沿沟道线性布设于沟道内，在沿原沟道修建的同时尽量顺直沟道。工程布设于第四系冲洪积堆积层的碎石土夹块石之上，浅井揭示，碎石土呈黄褐色，湿润、松散，碎石含量约50%，直径为2～20cm，棱角状，母岩以变质砂岩及板岩为主，厚度大于5m。

（2）结构设计。

排导槽布置于林场沟下游，起点为拦挡坝护坦尾部，总长度为610m，根据沟道宽度、纵坡的设置，排导槽工程设计分为两段，设计A段排导槽长度为414.2m，B段排导槽长度为195.8m，A、B段排导槽槽断面为梯形，深度为1.5m，基础埋深为0.5m，边墙顶宽为0.3m，底宽为0.65m，外侧坡比为1∶0.1，内侧坡比为1∶0.2，排导槽底厚度为0.3m，C20混凝土结构。墙内侧回填采用基础开挖产生的弃土和削方土体，需分层填筑压实。为防止揭底冲刷，在出入口及变坡点处设垂裙共3处，垂裙深度为1m，宽度为0.5m。排导槽每隔10m设一道宽度为2cm的伸缩缝。

4.5.4.3 喇嘛沟治理工程设计

1. 治理思路

经现场踏勘论证，确定喇嘛沟泥石流综合防治总体思路为"以拦为主"的综合防治措施。

2. 防护堤设计方案

1）防护堤工程平面布置

根据设计，本次喇嘛沟泥石流治理工程共针对主沟两侧保护对象布置防护堤工程 2 段（Ⅰ-1 防护堤和Ⅱ-1 防护堤），总长度为 416.5m；加高防护堤工程 4 段（Ⅰ-2 防护堤—Ⅰ-3 防护堤和Ⅱ-2 防护堤—Ⅱ-3 防护堤），总长度为 649m，其中：

（1）Ⅰ-1 防护堤工程布置于喇嘛沟沟口左岸沟段，上游自沟口过水路面处开始，下游至聚居点已建工程处，总长度为 198m；该防护堤工程主要用于保护堆积区内沟道左岸居民的安全。

（2）Ⅰ-2 防护堤工程布置于喇嘛沟堆积区左岸沟段，该段为加高防护堤工程段，总长度为 265.5m；该防护堤工程主要用于保护堆积区内沟道左岸居民的安全。

（3）Ⅰ-3 防护堤工程布置于喇嘛沟堆积区下游侧至主沟沟道左岸，该段为加高防护堤工程段，总长度为 65.5m；该防护堤工程主要用于保护堆积区内沟道左岸居民的安全。

（4）Ⅱ-1 防护堤工程布置于喇嘛沟沟口右岸沟段，上游自沟口过水路面处开始，下游至聚居点已建工程处，总长度为 218.5m；该防护堤工程主要用于保护堆积区内沟道右岸居民的安全。

（5）Ⅱ-2 防护堤工程布置于喇嘛沟堆积区右岸沟段，该段为加高防护堤工程段，总长度为 254m；该防护堤工程主要用于保护堆积区内沟道右岸居民的安全。

（6）Ⅱ-3 防护堤工程布置于喇嘛沟堆积区下游侧至主沟沟道右岸，该段为加高防护堤工程段，总长度为 64m；该防护堤工程主要用于保护堆积区内沟道右岸居民的安全。

2）单侧防护堤纵坡的确定

为减少土石方开挖量，防护堤工程纵坡设计主要按地形布置，根据现场调查，确定堆积区段平均纵坡坡降为 80‰。

3）防护堤结构设计

根据设计，本次喇嘛沟泥石流治理工程共布置防护堤工程 6 段，其中：

（1）Ⅰ-1防护堤和Ⅱ-1防护堤工程结构设计。

Ⅰ-1防护堤和Ⅱ-1防护堤工程为新建工程，布置于喇嘛沟沟口下游沟段。Ⅰ-1段防护堤布置于喇嘛沟沟口下游侧，沟道左岸，总长度为198m。Ⅱ-1段防护堤布置于喇嘛沟沟口下游侧，沟道右岸，总长度为218.5m。Ⅰ-1段防护堤与Ⅱ-1段防护堤沟道宽度为5~11.5m，设计泥位高度为2m，安全超高为0.5m，墙身高度为2.5m，基础埋深为1.0m，顶宽为0.6m，临沟面坡率为1:0.1，背沟面直立，底宽为0.9m；防护堤采用C20混凝土浇筑。

（2）Ⅰ-2防护堤—Ⅰ-3防护堤和Ⅱ-2防护堤—Ⅱ-3防护堤。

Ⅰ-2防护堤—Ⅰ-3防护堤和Ⅱ-2防护堤—Ⅱ-3防护堤布设于堆积区至主河沟段，原防护堤长分别为331m和318m，既有工程设计单边防护堤高度为1.0m，其中基础埋深为0.5m，宽度为0.5m，堤身采用浆砌块石结构。既有工程不满足过流量，因此在原基础上加高防护堤工程。

加高后Ⅰ-2防护堤—Ⅰ-3防护堤和Ⅱ-2防护堤—Ⅱ-3防护堤沟道宽度最小宽度为5m，设计泥位高度为2m，安全超高为0.5m，墙身高度为2.5m，基础埋深为1.0m，顶宽为0.6m，临沟面坡率为1:0.1，背沟面直立，底宽为0.9m；防护堤采用C20混凝土浇筑。

4.5.5 治理工程施工

1. 主要施工条件

1）交通条件

工程区位于四川省炉霍县上罗科马镇场镇周边。通过国道317、乡道及村道到达工程区，该区距炉霍县约28km，距成都约580km，交通便利。

2）施工占地

治理工程占地分为永久工程占地与临时工程占地。永久占地为拦沙坝、排导槽等工程占地，占地面积约2亩，所占土地类型为沟道荒地；临时占地为项目管理部占地、材料堆场占地、施工队伍生活住房占地等，占地面积约0.8亩，所占土地类型为荒地。

3）水电供应

施工用水可从泥石流沟内取水，也可从村民管道引水；施工用电采用柴油机发电，也可从村委会接引交流电。

4）弃渣堆放

施工中产生的弃土弃渣按政府统一规划堆放，预计转运距离5km。

5）建筑材料

治理工程所需钢筋、水泥、砂石、模板等材料可从县城购买，运输距离为28km。

6）围堰导流和基坑排水

根据勘查，沟内常年有水，根据工程位置及工程施工工区，在沟道内布设围堰导流工程。在基坑开挖过程中采用水泵现场抽水，保证基坑开挖的安全与进度。

2. 施工机械设备配置

泥石流防治工程主要涉及有拦挡坝工程、排导槽工程等，涉及工序有地基开挖、弃渣转运、模板支护、混凝土浇筑等。因此根据施工需求，主要机械设备配置计划见表4.31。

表 4.31　主要机械设备配置计划表

序号	设备名称	规格型号	数量/台
1	风镐	C11-A	4
2	凿岩机	YT28	1
3	砂浆搅拌机		1
4	滚筒搅拌机	JS350	2
5	挖掘机		2
6	自卸汽车		10
7	手动葫芦		10
8	卷扬机		4
9	电动空压机	$3m^3/min$	2
10	手推车		10
11	插入式插动器		2
12	交流电焊机	BX3-300	2
13	全站仪	拓普康	2
14	柴油发电机		1

3. 主要施工技术要求

1）基坑开挖

（1）对积水区基坑开挖前应先做好地表水或地下水的疏排等准备工作，在沟内施工先应做好围堰导流墙。

（2）由于开挖土方基坑较深，开挖必须留够稳定边坡，以防滑塌，对边坡上的松软土层，应尽量挖除，必要时还应采用夯压等措施进行加固处理，确保施工安全。

（3）开挖后对松散层地基必须按规定尺寸分层夯实，达到设计要求。

（4）开挖出的基础，如地基承载力达不到设计要求时，应进行地基处理加固，如除泥换土、填石砾料、扰动土夯实、灰土夯实等。

（5）开挖出来土石不宜随意堆放于基坑周围和泥石流沟内，避免影响施工安全甚至因施工弃渣引发泥石流。

2）原材料及工程施工质量控制

（1）混凝土工程所用的材料应有产品的合格证书、产品性能检测报告。骨料、水泥、钢筋、外加剂等材料应有主要性能的进场复检报告。严禁使用国家明令淘汰的材料。

（2）水泥进场使用前，应分批对其强度、安定性进行复验。检验批应以同一生产厂家、同一编号为一批。当使用中对水泥质量有怀疑或水泥出厂超过3个月（快硬硅酸盐水泥超过1个月）时，应复查试验，并按其结果使用。不同品种的水泥，不得混合使用。

（3）砂石料的杂质和有机质的含量应符合《砌体结构工程施工质量验收规范》（GB 50203—2011）等的有关规定。

（4）骨料采用的石材应质地坚实，无风化剥落和裂纹。

（5）冬期混凝土浇筑施工应有完整的冬期施工方案。

3）大体积混凝土浇筑

（1）分层浇筑方法。

对于主沟混凝土结构的拦挡坝承台、坝体、坝下护坦，由于其体积或平面尺寸庞大，混凝土浇筑工程量大，需采用分层浇筑施工。为保证结构的整体性和施工的连续性，应保证在下层混凝土初凝前将上层混凝土浇筑完毕。具体分层方法应根据设计的工程结构形态，采用全面分层、分段分层或斜面分层等不同的方法。

①全面分层。

在整个模板内，将结构分成若干个厚度相等的浇筑层，浇筑区的面积即为基础平面面积。浇筑混凝土时从短边开始，沿长边方向进行浇筑，要求在逐层浇筑过程中，第二层混凝土要在第一层混凝土初凝前浇筑完毕。全面分层方案一般适于平面尺寸不大，但厚度较大的结构。

②分段分层。

当采用全面分层方案时浇筑强度很大，现场混凝土搅拌机、运输和振捣设备均不能满足施工要求，可采用分段分层方案。浇筑混凝土时沿长边方向分成若干段，浇筑工作从底层开始，当第一层混凝土浇筑一段长度后，便回头浇筑第二层，当第二层浇筑一段长度后，回头浇筑第三层，如此向前呈阶梯形推进。分段分层方案适用于结构厚度不大而面积或长度较大时采用。

③斜面分层。

采用斜面分层方案时，混凝土1次浇筑到顶，由于混凝土自然流淌而形成斜面。混凝土振捣工作从浇筑层下端开始逐渐上移。斜面分层方案多用于长度较大的结构。

（2）施工准备。

①机具准备。

按各分项分部工程的混凝土浇筑工程量，准备充足的混凝土泵送设备、振动棒、平板振动器、电动磨光机、防雨彩条布、布毯、温度计、污水泵等设备机具和材料。

②混凝土搅拌站。

选择生产运输能力、社会信誉和技术实力等各方面满足施工要求的混凝土生产厂家或现场设置满足要求的混凝土搅拌站，以保证混凝土质量和满足连续浇筑的需要为原则。

③劳动力组织。

根据工程大体积混凝土数量和设计要求，合理地组织施工现场劳动力，满足混凝土浇筑施工需要。主要人员和工种应包括现场指挥人员、混凝土浇筑工、混凝土振捣工、混凝土面刮平抹压工、钢筋监护工、模板监护工、值班电工、机械修理工、基坑排水作业人员等。

④材料准备。

本工程设计混凝土强度主要为C20，施工前应准备好相应材料，按相关规程规范要求做好混凝土相关试验。

⑤作业条件。

施工前应清理基坑内的泥土、垃圾、积水和钢筋上的油污等杂物，修补嵌填模板缝隙，加固好模板支撑，以防漏浆。

对钢筋模板进行验收，办理隐检、预检手续，并在钢筋上抄测好混凝土浇筑标高控制线，检查保护层厚度，核实预埋件的位置、数量及固定情况。

安排组织好劳动力，水电到位，备齐振捣设备，并做好其他准备工作，使施工处于有序状态。

做好基坑抽排水工作，以保证正常施工。

搭设必要的进入基坑的脚手人行坡道和浇筑脚手平台，以及铺设底板上的操作用马凳、跳板等，并经检查合格。

混凝土配合比通知单由商品混凝土公司或混凝土搅拌站提前提交项目部，并经监理公司审核，质量符合有关标准要求，掌握坍落度数据，坍落度筒及试模应准备就绪，并要求商品混凝土站备足运输车辆和混凝土数量，满足混凝土连续浇灌的需要，要求对每车混凝土进行预控工作和做好其他进场检查,并测量卸料时的坍落度,做好详细的施工记录。

混凝土泵站应备有足够功率和稳定电压的电源,有可能停电时,还应配备发电设备。泵混凝土站试运转正常,振捣器已准备就绪,塔吊运转正常工地相关负责人已对各班组进行全面施工技术交底。

（3）浇筑施工。

浇筑前应将模板内杂物清除干净,对混凝土垫层应浇水润湿,但基层表面不应留有积水。混凝土配合比和坍落度值由商品混凝土公司或搅拌站提供,坍落度在现场测试,及时反馈。严禁在现场随意加水以增大坍落度。

①泵送工艺。

泵送混凝土前,先向料斗内加入与混凝土配比相同的水泥砂浆,润滑管道后即可开始泵送混凝土。开始泵送时,泵送速度宜放慢,油压变化应在允许值范围内,待泵送顺利时,才用正常速度进行泵送。

泵送期间,料斗内的混凝土量应保持不低于缸筒口上100mm,到料斗口下150mm之间为宜,避免吸入效率低,容易吸入空气而造成塞管,太多则反抽时会溢出并加大搅拌轴负荷。混凝土泵送宜连续作业,当混凝土供应不及时,需降低泵送速度,泵送暂时中断时,搅拌不应停止。当叶片被卡死时,需反转排除,再正转、反转一定时间,待正转顺利后可继续泵送。

泵送中途若停歇时间超过20min,管道又较长时,应每隔5min开泵1次,泵送少量混凝土,管道较短时,可采用每隔5min正反转2～3个行程,使管内混凝土蠕动,防止泌水离析,长时间停泵（超过45min）、气温高、混凝土坍落度小时可能造成塞管,宜将混凝土从泵和输送管中清除。

泵送管道的水平换算距离总和应小于设备的最大泵送距离。

泵送完毕,应立即清洗混凝土泵、布料器和管道,管道拆卸后按不同规格分类堆放。

使用多台设备同时泵送时,应预先规定各自的输送能力、浇筑区域和浇筑顺序。并应分工明确、互相配合、统一指挥,为避免出现温度收缩裂缝和减轻浇灌强度,底板混凝土浇筑采取分段分层进行。

分层方法应根据结构整体性要求、结构大小、钢筋疏密、混凝土供应等具体情况确定,以方便振捣,利于混凝土层面散热为最佳。

在浇筑过程中为防止混凝土的自然流淌速度太大及混凝土供应迟缓而形成冷缝,可在混凝土中掺加缓凝剂。

混凝土的坍落度控制为 12±2cm，分层浇筑厚度控制在 250～300mm，不宜过厚，保证混凝土在初凝之前被上层混凝土覆盖，振捣手顺混凝土流淌方向赶振。浇筑混凝土时宜分档依次进行浇筑。基础埋深较大时，为防止产生混凝土离析，应使出料口尽量靠近操作面（离操作面不大于 2m）。

②振捣工艺。

在浇筑时，振捣棒移动间距应小于 50cm，每一振点的延续时间一般以 10～30s 为宜，以表面出现浮浆和不再沉落为度。

振捣器应插入下层混凝土 5cm，注意整个振捣作业中，不要振模、振筋，不得碰撞各种埋件、铁件、止水带等。

为确保混凝土的密实性，振动棒的操作应做到"快插慢拔"，不漏振、不过振。

在 20～30min 后于振动界线前对混凝土进行二次振捣，排除混凝土因泌水在粗集料、水平钢筋下部生成的水分和空隙，提高混凝土与钢筋的握裹力，防止因混凝土沉落而出现裂缝，减少内部微裂，增加混凝土密实度和均匀性，使混凝土的抗压强度提高，从而提高抗裂性。

当混凝土浇筑到最后离边模板 5m 左右时，应将布料管转移到边模板处，使混凝土从边缘向中间浇筑，不使浮浆、砂浆集聚在边模板处。

浇筑混凝土每振捣完一段，应用平板振动器压振一遍，并用长刮尺按标高刮平，用铁抹子拍压，木抹子搓平。

③其他要求。

施工缝处做好止水带的预埋。

浇筑时备用一台水泵，利用集水坑及时抽掉因振捣产生的泌水，防止混凝土离析。少量来不及排出的泌水随着浇筑的向前推进，赶至侧模边上，及时清除。

混凝土浇筑后，初凝前应按标高用长刮杆刮平，混凝土终凝前应用人工多次抹压，以便减少混凝土表面收缩龟裂。

浇筑前，按简易测温法，布设预埋钢管测温点，对温度变化进行监控，发现温度变化超标时，及时调整保温材料。

混凝土浇筑时，应及时填写施工记录，做好试验试块。

在施工中，要组织木工、钢筋工配合混凝土的浇筑以便对出现的问题及时进行修正。混凝土浇筑时，如发现钢筋偏位、模板移动等情况，应立即停止浇筑，及时报告，待处理后再进行浇筑，禁止隐瞒施工。

④测温和养护。

测温:在大体积混凝土施工和养护过程中,由于混凝土体内外温差产生的拉压应力、温度应力会造成混凝土出现表面裂缝和贯穿裂缝,形成隐患,所以在底板混凝土施工和浇筑完2周内必须对其进行养护和内外温差的监测;本工程为冬季施工,工区昼夜温差大,夜间温度很低,混凝土表面散热很快,如监测、养护不及时就会造成严重后果。在混凝土浇筑完成后一段时间内应连续跟踪混凝土内部和表面及大气温度,全程掌握混凝土温度变化情况,及时采取必要的防护措施,严格控制裂缝的产生,确保工程质量。

为了全面反映混凝土在温度场的变化情况,应根据结构的具体情况埋设薄皮钢管,测量温度的位置必须具有代表性,按浇筑高度断面,应包括底面、中心和表面3种情况。测温方案根据温度场的变化原理、建筑特点和混凝土的浇筑顺序等因素制定,主要沿各混凝土坝(包括主坝体和副坝)的坝轴线布置,原则上每个坝布设1条测线,波岩沟下游2#拦挡坝、双海子沟3#拦挡坝由于坝体厚度较大,各布置3条测线(除坝轴线外,另两条测线布置于坝上游迎水面一侧),沿测线每间距5m设置一个测温点,当有多条测线时按梅花形布置,每个测温点位置埋设的Φ48薄皮钢管,一端用铁板密封焊牢,以防混凝土进入。测温点深度按前述原则选择代表性的位置布置。

监测设备采用工业用温度计,温度计经厂家严格标定,量程为0~100℃;设置专用测温记录本,由项目部一名质检员专门负责测温工作的记录及归档。采用水银温度计进行测量。第1天至第5天,每2h测温一次;第6天至第25天,每4h测温一次;第26天至第30天,每8h测温一次;第31天至第37天,每12h测温一次;第38天至第60天,每24h测温一次。记录混凝土温度的同时记录好内外温度。混凝土表面与内部温度差不能超过25℃。及时将测温结果反馈到工程部,实行信息化施工,以便调整混凝土养护时间及次数。监测报表每周交建设方、监理一份;如温度差超标,则及时将测温结果和应对预案补送一份给业主和监理。

养护:大体积混凝土浇筑的养护主要是通过减小混凝土内部与表面的温差,预防和避免结构出现开裂变形。浇筑时,尤其是1#、2#、3#拦挡坝在保证混凝土设计强度的前提下,可通过优选低水化热的矿渣水泥、适当使用缓凝减水剂、适当降低水灰比、减少水泥用量、降低混凝土的入模温度、降低拌合水温度(拌合水中加冰屑或用地下水)、骨料用水冲洗降温和避免暴晒、适当加入大块粗骨料、预埋冷却水管人工导热等方法降温。浇筑完成后则应加强工程的保温养护。

浇筑完后,采用蓄热法养护。混凝土振捣完毕并刮平后应在终凝前收平拉毛后2h左右采用塑料膜密封覆盖，薄膜搭接宽度为 15cm，防止混凝土脱水龟裂，然后加盖保温材料（如草袋），有效地控制混凝土内部和表面的温差，以及混凝土表面和大气的温差。内外温差应控制在 25℃以内，且保持不少于 1 周的湿润养护，防止混凝土因温差应力而产生裂缝。

在养护时，应观察薄膜表面水珠，若水珠过少，或混凝土表面出现白板时，应浇热水进行补水养护，水温以 60℃左右为宜。

保温材料的拆除时间应以混凝土内部和表面温差以及表面和大气的温差远小于 25℃为准。一般混凝土浇筑完毕，第三、四天为升温的高峰，其后逐渐降温，保温材料的拆除一般在 15 天以后，但仍应以测温结果和同条件养护试块试压结果为准。降温速度不宜过快，以防因降温差应力产生裂缝。

常温下在混凝土强度达到设计值后，并经项目部下达拆模通知后，方可拆除模板，并及时组织工人修整混凝土表面边角，剔凿浮浆、浮渣，剔凿施工缝浮浆浮渣，并用水冲洗干净。

当出现温差裂缝时应立即采取措施。对于一般结构且缝宽小于 0.1mm 的裂缝，可自行愈合，因此只采取封闭措施，即一般采用涂两遍环氧胶泥，贴环氧玻璃布，以及喷水泥砂浆等措施进行裂缝表面封闭。对于有防水要求的结构，且缝宽大于 0.1mm 的深度及贯穿性裂缝，可根据裂缝的可灌程度采取灌浆方法进行裂缝修补。

（4）成品工程质量检测验收要求。

①《建筑边坡工程技术规范》（GB 50330—2013）；

②《建筑工程施工质量验收统一标准》（GB 50300—2013）；

③《建筑工程冬期施工规程》（JGJ/T 104—2011）；

④《混凝土坝养护修理规程》（SL 230—2015）；

⑤《水工建筑物水泥灌浆施工技术规范》（DL/T 5148—2021）。

桩的检测方法宜采用低应变反射波法，或预埋管声波透射法，具体按《建筑桩基检测技术规范》（JGJ 106—2003）执行。对低应变检测结果有怀疑的抗滑桩，应采用钻芯法进行补充检测，强度等级评定按《建筑基桩检测技术规范》（JGJ 106—2003）执行。

4. 施工顺序及进度安排

林场沟泥石流防治工程主要涉及有拦挡坝工程、排导槽工程。根据工程布设情况，将工程分为 1 个工区。工区内工程包括拦挡坝工程和排导槽工程。工区的施工顺序为施工准备→围堰导流→拦挡坝工程→排导槽工程→弃渣转运。

根据工程实际情况,结合工程特点,拟定工程建设工期为90天,施工进度计划见表4.32。

表 4.32　施工进度计划表

序号	分析工程名称	工期/天				
		20	40	60	80	90
1	施工准备					
2	拦挡坝施工					
3	排导槽施工					
4	竣工验收					

5. 其他注意事项

（1）本工程采用信息法施工。如遇设计图与现场情况有重大冲突或不符时,应及时报知设计单位、监理单位和业主,以便尽快处理,从而达到经济有效的治理目的;同时,针对可能的情况及时调整施工参数或工程部位,以期该泥石流沟在更加不利的条件下也能真正达到安全可靠、万无一失的效果。

（2）在所有施工中,要注意安全,并做好临时监测,监测结果要及时上报施工方、监理和设计方,若遇异常及时上报。

（3）应严格控制治理工程的维护和管理。不能够在未经论证的情况下进行工程活动。禁止开挖、破坏治理工程,当地政府及其有关部门应定期或不定期进行巡查,严防对工程设施的人为破坏。

（4）该治理工程质量检验及验收应符合"施工合同"、设计文本等有关文件、法律法规和相关规程规范的要求。

（5）由于施工场地条件特殊,因此必须严格控制施工场地对林地的破坏,防止引发森林火灾等破坏环境的事件。

4.5.6　工程监测

1. 监测工程的目的与任务

1）监测目的

通过对泥石流沟环境条件的系统监测,及时掌握泥石流灾害的灾变动态,为今后的预测和防治工程提供必要的依据,实时验证设计方案,确保施工安全,并对工程防治效果进行检验。

2）监测任务

针对沟泥石流灾害的具体特点以及主要防治工程类型，利用多种监测手段，建立全方位的立体式监测系统，采集、储存、传输数据，进行数据处理和信息反馈，研究、掌握流域环境破坏过程与内外营力的关系，借助地质灾害预报的理论与方法，为选择最佳防治方案提供依据，对施工期间的工程施工进行监测，确保施工安全，为检验工程的防治效果提供科学依据。

2. 监测方案

1）监测工作的主要内容

泥石流的活动性受大气降雨、地表水入渗、地下水活动等因素影响，应对其进行必要的监测。

（1）大气降雨监测。

降雨是地表水和地下水的来源，影响灾害体稳定性。可利用当地的气象监测点，每日观测降雨量、降雨强度、温度、蒸发量、湿度等数据，绘制年、月降雨量变化曲线图，分析降雨、温度、蒸发量、湿度的变化特点。尤其应注意易产生滑坡的大强度、连续性降雨。在防治工程效果监测时，还应监测降雨全过程的降雨强度。采取自动监测雨量计进行监测。

（2）地表水监测。

地表水的搬运能力很强，易造成土的流失。为掌握泥石流沟的补给、径流、排水情况，采用雨量计观测降雨全过程流量，分析降雨对降雨入渗、坡体变形及排水工程效果的影响。流量监测点布设于泥石流沟内。

（3）防治工程变形监测。

对泥石流治理工程布设监测点，进行变形监测、沉降监测等。监测工作可委托当地相关部门进行。

2）监测工作布设

监测主要是了解治理工程施工期和运行期地质灾害变化情况，活动范围与活动特征，为施工安全和检验防治工程效果提供信息。

（1）泥石流灾害监测：在泥石流沟域内布设雨量监测站1处，在沟道中上游布设泥石流泥位监测站1处，对泥石流灾害进行实时监测，同时建立泥石流灾害预警预案，落石灾害点预警责任人，辅以人工巡视监测。

（2）治理工程变形监测：根据泥石流治理工程分布特征，在拦挡坝上布设2个变形监测点，排导槽拐点及工程坡降变化较大处布设变形监测点，在护岸墙拐点及工程坡降变化较大处布设变形监测点，对治理工程工程效果进行实时监测。

监测工作部署详见施工组织平面图。监测人员配置及监测设备工作量见表4.33和表4.34。

表 4.33 监测人员配置表

岗位	人数 / 人	备注
项目负责人	1	全面负责
专业技术人员	6	专业测量人员2人，地质技术人员2人，施工技术人员2人，

表 4.34 监测设备工作量表

项目	数量 / 处
雨量站	1
泥位监测站	1
防治工程变形监测点	5
基准点	3

4.5.7 工程效益分析与评价

1. 结论与认识

本次项目炉霍县上罗科马镇场镇周边地质灾害位于罗柯河左、右两岸，包括4处地质灾害点，分别是沙冲沟泥石流、林场沟泥石流、喇嘛沟泥石流和加依达牧民安置点不稳定斜坡。其中，沙冲沟泥石流、加依达牧民安置点不稳定斜坡位于罗柯河右岸；林场沟泥石流、喇嘛沟泥石流位于罗柯河左岸。

炉霍县上罗科马镇场镇周边地质灾害（沙冲沟泥石流、林场沟泥石流、喇嘛沟泥石流、加依达牧民安置点不稳定斜坡）其潜在威胁上罗科马镇政府、上罗科马镇派出所、上罗科马中心校师生及上罗科马镇场镇居民108户、约2000余人，上罗科马镇场镇基础设施等，威胁总资产约1.0亿元。可见，炉霍县上罗科马镇场镇周边地质灾害（沙冲沟泥石流、林场沟泥石流、喇嘛沟泥石流、加依达牧民安置点不稳定斜坡）的危害极其严重，故对该4处地质灾害点进行工程治理是紧迫的。

据调查，沙冲沟泥石流、林场沟泥石流、喇嘛沟泥石流每年均会暴发小规模泥石流；2018年7月加依达牧民安置点不稳定斜坡垮塌岩土体方量约$5 \times 10^3 m^3$，岩土体失稳破坏后大量堆积于加依达牧民安置点房屋后侧，所幸未造成人员伤亡。因此，该4处地质灾害点一旦暴发泥石流、滑坡地质灾害将会对上罗科马镇场镇构成严重威胁。

通过对 3 条泥石流沟特征参数的计算，发现 3 条泥石流沟均具有暴发泥石流的沟道条件、物源条件和水源条件，为轻度易发泥石流沟，建议对 3 条泥石流沟道采用防护为主或者拦排结合的治理思路进行治理；不稳定斜坡Ⅰ区在Ⅰ工况下处于稳定状态，在Ⅱ工况下处于欠稳定状态，Ⅲ工况条件下处于基本稳定状态。但Ⅰ区坡度较陡，坡表存在松散易垮土体，可能存在崩落、滚石的灾害，建议对其进行清方处理。该区稳定性系数为 1.02～1.16，下滑力为 114.46kN/m，建议采用桩板拦石墙方案进行治理。

2. 经济效益评估

本次项目炉霍县上罗科马镇场镇周边地质灾害，包括 4 处地质灾害点，分别是沙冲沟泥石流、林场沟泥石流、喇嘛沟泥石流和加依达牧民安置点不稳定斜坡，均位于罗科河左右两岸。这 4 处地质灾害点，将直接威胁上罗科马镇政府、上罗科马镇派出所、上罗科马中心校师生及上罗科马镇场镇居民 108 户、约 2000 余人，上罗科马镇场镇基础设施等，威胁总资产约 1.0 亿元。

防治工程可保护上述危险区人们生命财产安全，更为重要的，通过 4 处地质灾害点的治理，可为上罗科马乡的发展创造良好的环境，并为地方带来良好的经济效益，因此，4 处地质灾害点防治工程的经济效益将是非常明显的。

3. 社会效益评估

炉霍县上罗科马镇场镇周边地质灾害对该区域内的居民生命财产安全构成重大威胁，泥石流、滑坡的暴发给上罗科马镇居民的正常生产生活形成一个巨大的阴影。通过对泥石流采用拦挡坝、排导槽、防护堤等工程措施，可有效保护危险区人们生命财产安全，对当地社会的稳定与发展、民族的团结和人民群众的安居乐业均将起到积极的作用，由此带来的社会效益将是非常显著的。

4. 经验与启示

根据炉霍县上罗科马镇场镇周边地质灾害（沙冲沟泥石流、林场沟泥石流、喇嘛沟泥石流、加依达牧民安置点不稳定斜坡）的危害性，建议以保护上罗科马镇场镇为治理的基本目标，并尽量降低 3 条泥石流发生的可能性，尽可能控制松散固体物源的启动，采取抗滑支挡措施对不稳定斜坡进行治理。

由于 3 条泥石流一般在上、中游沟段开始启动。虽然 3 条泥石流沟汇水面积较大，但一旦遭遇集中降雨，沟域物源大量启动，在下游段经叠加堵溃放大，并启动下游段沟道集中物源，便会发生规模巨大的灾害性泥石流。因此，对3条泥石流沟的治理思路首先是以保护沟口威胁对象为目的，并对沟道采用固底防冲的水石分治措施。以此尽可能降低沟域中物源的启动。

根据治理目标和总体思路的需要，建议采用以"拦固为主，水石分治"的总体治理思路进行工程方案布置，把沟域内中、上游松散固体物质拦固于沟床内或斜坡上，并将沟域内雨水直接截排至沟域右侧冲沟，避免大量洪水进入沟道导致揭底冲刷启动物源。

由于4处地质灾害点的地形限制，不稳定斜坡坡度较陡，且3条泥石流沟地形陡峻，汇水面积较大，水动力条件较大，雨季施工便道易被暴雨洪水或泥石流冲毁，且施工作业场地等也将受到泥石流严重威胁，建议治理工程施工于雨季后进行，以保证施工安全和施工进度。

泥石流的演化和发展是复杂的动态过程，勘查报告中的物源总量、动储量以及特征参数计算等均为基于现状条件下进行的预测和计算，随着泥石流发展演化特征的变化，将可能出现动态变化，因此，泥石流的防治应本着动态的原则，在做好监测预防工作的基础上，根据泥石流发展的动态情况及时修正相关参数数据。

由于泥石流活动特征的复杂性，泥石流防治工程具有非标准设计和风险性设计的特点，人们对泥石流活动特征、形成运动机制和控制影响因素的认识还具有很大的局限性，而本项目的3条泥石流沟又具有物源分布广泛且活动特征异常复杂的特点，为确保泥石流应急治理工程体系长期有效地发挥治理作用，确保上罗科马镇场镇居民安全，建议长期进行泥石流监测预警，加强泥石流相关专题研究，加强治理工程效果的分析，及时总结泥石流防治工作中的经验和教训，并随着对泥石流相关认识的不断深化，不断完善泥石流治理工程。